CL-839-KF

Patrice Vergès & Cathy Dubuisson

Simca

Die schönsten Modelle von 1960 bis 1980

Heel

INHALT

SIMCA
3367 YL 27

VORBEMERKUNG

Dreißig Jahre nach seinem Verschwinden unter dem Namen Talbot übt Simca auf seine Fans noch immer jene nostalgische Faszination aus, die einem tragischen Untergang folgt. Wie kann man verstehen, dass dieser Autohersteller, der erst Ende der fünfziger Jahre Platz zwei der französischen Hackordnung erobert hatte, zwei Jahrzehnte später verschwand? Wie begreifen, dass nach so vielen attraktiven Modellen die Verkäufe just einbrachen, nachdem man zweimal von der Fachpresse den Titel „Auto des Jahres" erhalten hatte? Wie lässt sich erklären, dass der in Marketing und Werbung innovativste französische Hersteller von einem Konzern geschluckt wurde, dessen Marken in dieser Hinsicht eher konventionell und risikoscheu auftraten?
Tatsächlich liegen die Wurzeln für Simcas Ende in seinem Anfang. Diese Automarke war auf Sand gebaut, hauptsächlich mit dem italienischen Kapital von Fiat und der Unterstützung einiger französischer Aktionäre gegründet. Dass sie sich auf die Höhe der Großen hieven konnte, verdankte sie dem außergewöhnlichen Geschick ihres Direktors, Henri Théodore Pigozzi. Leider fand Pigozzi, als Fiat sich Anfang der sechziger Jahre von Simca zurückzog, die nötige Anschlussfinanzierung ausgerechnet in den USA bei Chrysler.
Chrysler behandelte Simca von oben herab und sah darin mehr eine Profitquelle und einen Brückenkopf in Europa als einen echten Partner mit Potenzial. Pigozzi wurde ausgebootet, die Investitionen in neue Modelle wurden heruntergefahren oder eingefroren. Als Chrysler selbst in eine Existenzkrise geriet, stieß es seine Filiale 1978 an den PSA-Konzern ab, während der Marktanteil von Simca-Chrysler bereits aufgrund der veraltenden Modellpalette schrumpfte.
Verständlicherweise gab man bei PSA angesichts von Doubletten und Tripletten im Modellprogramm den eigenen Entwicklungen und den eigenen Händlernetzen den Vorzug – zum Nachteil von Simca-Chrysler, das nach einer zweifelhaften Studie, die ein angeblich mangelhaftes Image des Namens Simca diagnostizierte, in Talbot umgetauft wurde. Die Inkonsistenz der Markennamen, schon unter Chrysler ein Thema, verunsicherte die Kundschaft endgültig. Manche Autos trugen bis zu drei Herstellernamen gleichzeitig auf der Karosserie! So kam es, wie es kommen musste: In Frankreich und auf vielen weiteren Märkten stellte PSA die Marke Talbot 1987 ein, ein paar Jahre später auch endgültig in Großbritannien und Spanien.
Was bleibt heute noch von Simca? Modelle, die Sammler mit ihrem Design, ihrer Seltenheit, ihrem reizvollen Charakter und ihrem Fahrspaß faszinieren. Verglichen mit anderen französischen Modellen ihrer Zeit waren die Simca oft amüsanter zu fahren, lebhafter und agiler. Ihre italienischen Wurzeln verrieten sich im Temperament. Es waren fröhliche und lebendige Autos.
Es war nicht leicht, für dieses Buch unter den schönsten Simca der Jahre 1960 bis 1980 zehn Modelle auszusuchen. Unter dem Namen Simca findet man in dieser Zeit natürlich auch Modelle, die auf Ford France zurückgehen und die Simca 1954 mit übernahm, oder solche von Matra, mit dem 1969 eine enge Zusammenarbeit eingegangen wurde, und natürlich auch von Chrysler. Unsere Wahl fiel auf Versionen, die jeweils die Krönung ihrer Modellfamilie darstellten, wie den Montlhéry Spéciale, den Simca Rallye 3 oder den Simca 1100 Ti und den Horizon Prémium, und die oft schwierig aufzutreiben waren, besonders im Bestzustand.
Es war mitunter herzzerreißend, andere Autos wegen Platzmangels auslassen zu müssen. Wenn dieses Buch gut aufgenommen wird, werden wir es vielleicht fortsetzen mit Modellen wie den bei Facel gebauten Simca Sport, mit weiteren Versionen des Simca 1000, mit dem Samba Rallye, dem Chrysler 180, dem Matra Rancho oder dem Aronde Grand Large. Einstweilen lauschen wir dem seidigen Blubbern des V8 des Présidence und dem heiseren Bellen des Simca 1200 S, schwelgen im watteweichen Komfort des Talbot Tagora SX, halten mit gestreckten Armen das Lenkrad des Matra Bagheera X und warten am Volant des Simca Rallye 3 auf das Startsignal eines Rennens. Von welchem Simca Sie auch träumen – viel Vergnügen am Steuer ist Ihnen sicher!

Patrice Vergès

KAPITEL 1

SIMCA PRÉSIDENCE: BITTE MIT SAHNE!

SIMCA-FANATIKER WERDEN IHNEN VERSICHERN, DASS DIE ABKÖMMLINGE DES FORD VEDETTE EIGENTLICH KEINE RICHTIGEN SIMCA SIND. PURISTEN WERDEN DARAUF BESTEHEN, DASS EIN SIMCA PRÉSIDENCE NUR IN SCHWARZ ECHT SEIN KANN. ABER BEIDE FRAKTIONEN WERDEN ANERKENNEN, DASS DER PRÉSIDENCE UNTER ALLEN SIMCA DAS ABSOLUTE FLAGGSCHIFF IST.

Der italienische Designer Luigi Rapi übernahm für den 1957 präsentierten Simca Vedette Présidence die Grundform des Vorgängermodelles Versailles, besonders die Frontpartie, machte sie aber eleganter und stattlicher. Eine geschickte und subtile Mischung von US-amerikanischem Imponiergehabe und italienischer Klasse.

Stellen wir eins sofort klar: Ja, der Présidence in diesem ersten Kapitel ist kein originaler, sondern ein Chambord, der erst nachträglich Präsident wurde. Nein, die 1570 gebauten Présidence waren nicht alle schwarz, es gab welche mit hellgrauem Dach für hohe kirchliche Würdenträger und solche in „China-Elfenbein", die für afrikanische Notabeln bestimmt waren. Michel, dem dieser Wagen seit 1964 gehört, gefiel er besser in Weiß, was dieses Einzelstück entstehen ließ.
Die Geschichte seines Autos hat etwas Romanhaftes. Stark gekürzt: 1964, als junger Ingenieur, kauft Michel einen Chambord von 1959 mit 59.883 Kilometern, um damit zur Arbeit zu fahren – bei Chausson, dem Unternehmen, wo der Wagen auch für Simca gebaut wurde. Ein paar Jahre darauf wird der Wagen gestohlen, und als Michel ihn wiederbekommt, fehlen etliche Teile. Michel repariert ihn mit Teilen eines Présidence, der ihm ebenfalls gehört, und baut ihn so nach und nach um. Als der Wagen, der 1970 einen der letzten neugebauten Austauschmotoren erhalten hat, zum Sammlerstück gereift ist, wird er komplett als Présidence neu aufgebaut.

AUFSTIEG ZUM TOPMODELL

Schwarz macht schlanker, weiß trägt auf. In dieser Farbe wirkt der Présidence noch mächtiger, besonders mit dem Continental-Kit, das die Länge auf fast fünf Meter treibt. Genau das wollte Simca-Chef Henri Théodore Pigozzi, als er das Dreigestirn Trianon-Versailles-Régence stilistisch überarbeiten ließ. Diese ursprünglich von Ford stammenden und im

Das S von Simca war goldfarben, und die Symbolik fällt im Vergleich mit dem Chrom gleich ins Auge. Es galt in jener Zeit nicht als unschicklich, seinen Sozialstatus zur Schau zu stellen. Einen Vedette zu fahren, zeigte ganz offen repräsentative Absichten.

Mutterhaus in Dearborn entwickelten Modelle waren für seinen Geschmack ihren britischen Cousins Consul und Zephyr zu ähnlich.Außerdem wirkten sie seiner Meinung nach nicht hochklassig genug für den Export, besonders in die USA. Schließlich überarbeitete der freischaffende italienische Designer Luigi Rapi das Styling und machte die Wagen 25 cm länger, das meiste davon am hinteren Überhang, damit die überaus modischen Heckflossen so richtig abheben konnten. Ein stilistisches Meisterstück, denn auf „nur" 4,75 m Länge sind große Flossen nicht leicht elegant unterzubringen.
Der Wagen strahlte Aggressivität, Klasse und sozialen Aufstieg aus und behielt doch eine gewisse Ähnlichkeit mit den Vorgängern, besonders in der Wölbung der hinteren Türen und der abgerundeten Dachlinie. Rapi hatte geschickt die A-Säulen ziemlich weit nach hinten versetzt, um das Sichtfeld zu vergrößern, und sich damit gegen die nach vorn geneigten Panoramascheiben-Pfosten entschieden, wie sie die Plein Ciel hatten – und die viel zu schnell wieder aus der Mode kamen. Die neue Modellpalette präsentierte sich auf dem Autosalon 1957 mit drei großen Limousinen. Die stattlichste trug den Namen Présidence und zielte deutlich höher als das alte Modell Régence. Das zeigte auch der Preis, der mit 1.624.850 Francs (über 50.000 Euro nach heutigem Geld) fast 40 Prozent über dem des Chambord lag, der 1.170.850 Francs kosten sollte, gegenüber nur 995.000 Francs für das Beaulieu getaufte Grundmodell.
Die Luxusversion zielte scheinbar auf Regierungsmitglieder ab, die damals Citroën DS fuhren. Tatsächlich dachte ihr Schöpfer genauso an die Präsidenten der gesellschaftlichen wie der politischen Kreise als Kundschaft. Auch wenn einige Chambord es tatsächlich in den Staatsdienst schafften, wurden sie nie offizielle Staatskarossen, wie es Pigozzi erhofft hatte, ähnlich wie Facel-Chef Daninos, der es mit seinem Facel Vega Excellence versuchte. De Gaulle fühlte sich zu wohl in seinem DS 19 Prestige!

GROSSER AUFTRITT

Um den erhöhten Preis zu rechtfertigen, erhielt der Présidence eine Spezialbehandlung. Nachdem die Karosserieteile bei Chausson gepresst und in Poissy verschweißt worden waren, kamen ausgewählte Chambord-Karosserien ins alte Werk Nanterre. In einer eigens eingerichteten Werkstatt wurde ihr meist schwarzer Lack sorgfältig wieder und wieder handpoliert. Es gab spezielle Zierleisten zur Unterscheidung, die das Profil hinten leicht veränderten, und goldfarbene Schriftzüge. Vor allem aber erhielten sie das famose Continental-Kit mit außen angebrachtem Reserverad à la Lincoln Continental, was das Heck noch mächtiger aussehen ließ. Der Présidence

Der Présidence unterschied sich von den anderen Versionen durch seine seitliche doppelte gerade Zierleiste und das schwenkbare Continental-Kit am Heck. Das umfasste eine spezielle Stoßstange, in deren Hörnern der Doppelauspuff mündete.

F
882 PQ 75

unterschied sich durch die seitliche doppelte gerade Zierleiste und das schwenkbare Continental-Kit plus spezieller Stoßstange, in deren Hörnern der Doppelauspuff mündete.
Das Kit ließ sich nach hinten klappen und vergrößerte zwar den Gepäckraum, komplizierte aber das Tanken. Der Auspuff musste geändert werden. Das Interieur bestach mit schöner bezogenen weichen Pullmannsitzen aus einer kleinen Werkstatt, lederbezogenem Armaturenbrett, Schildpatt-Zierteilen, Zierblechen mit Guillochemuster und eingraviertem P statt des C der Chambord sowie dem Simca-Arel-Radio. Der Kunde konnte zwischen einer Chauffeurlimousine mit Trennwand und Sitzbank vorn und einem Innenraum ohne Trennwand und vorderen Einzelsitzen mit verstellbaren Rückenlehnen wählen.

DER EWIGE AQUILON-V8

Abgesehen davon war der Présidence identisch mit dem Chambord, der aus dem 1954 vorgestellten Versailles hervorgegangen war. Er hatte 15-Zoll-Räder statt der früheren 13-Zöller, um Platz für bessere Bremsen zu schaffen. Schwache Bremsen waren ein Schwachpunkt des Versailles gewesen. Auch der Ariane – aus dem Chambord abgeleitet – erhielt die neuen Bremsen. Die restliche Mechanik stimmte weitgehend mit der des Vorgängers überein. Aber trotz identischen Radstandes war der Unterboden des Chambord gegenüber dem Versailles geändert, seine Längsträger waren im Hinblick auf das höhere Gewicht und die um 25 cm (40 cm für den Présidence) nach hinten verlängerte Karosserie verstärkt worden.

Ganz so geräumig wie der Citroën DS war der Présidence zwar nicht, aber er brachte seine Fondinsassen sehr komfortabel unter. Auf den Sitzen sind die als Zubehör erhältlichen Schonbezüge aus Kunstleder zu sehen, denn der originale Sitzbezugstoff war sehr empfindlich.

Das Logo auf der Verkleidung des Reserverades war dem Présidence vorbehalten. Statt des Wappens der Stadt Poissy wie beim Chambord zeigte es, dass der Wagen von einem V8-Motor angetrieben wurde.

Diese Seitenansicht lässt das subtile formale Gleichgewicht der Formen des Présidence und die zur Verbesserung des Sichtfeldes weit zurückgezogenen Pfosten der Windschutzscheibe gut erkennen. Luigi Rapi konnte stolz sein!

Natürlich befand sich unter der Haube der ewige Ford-V8-Flathead amerikanischen Ursprungs mit 2,3 Litern Hubraum, dessen Motorleistung, auf Kosten des Drehmomentverlaufs, von 80 auf 84 SAE-PS angehoben worden war. Pigozzi änderte lieber öfter etwas am Styling, wie es in Amerika Mode war, statt die Mechanik zu verjüngen, die es weiß Gott nötig gehabt hätte. Auch wenn der Chambord das leistungsstärkste französische Modell war und Simca selbstzufrieden an allen möglichen Stellen des Autos Hinweise auf den V8 anbrachte, stammte dessen Konstruktion immerhin aus dem Jahr 1932, und Ende 1957 war es ihr auch deutlich anzumerken.
Schade, dass Simca für den Présidence nicht mindestens die Siam-Zweivergaseranlage vorsah, wie sie die letzten Talbot-Lago mit dem Aquilon-V8 des Chambord hatten, und die immerhin für 95 PS gut war. Ein weiterer Fehler war es, diesen alten Motor mit einem ebenso alten Dreiganggetriebe zu verkuppeln. Ab 1958 bot Simca als Option die sogenannte Rushmatic an, praktisch ein Overdrive, der mit einer automatischen Kupplung geschaltet wurde und bei eingelegtem dritten Gang die Wahl zwischen einer kürzeren und einer längeren Übersetzung ließ, so dass man die Wirkung eines Vierganggetriebes erzielte. Aber das sehr teure Aggregat (Aufpreis 1958: 120.000 Francs) war weder Ersatz für eine richtige Automatik noch für ein richtiges Vierganggetriebe. Immerhin konnte man im dritten Gang jetzt zwischen besserer Beschleunigung und geringerem Verbrauch wählen.

SUPERB!

Bei alledem waren der Chambord wie der Présidence oder der Beaulieu sehr begehrenswerte Autos. Sie hatten aber das Pech, nicht zum richtigen Zeitpunkt zu erscheinen, sondern kurz nach der Suezkrise, als die Spritpreise um 25 Prozent angezogen hatten. Das traf sich nicht gut für Autos, die auf 100 km rund 13 bis 14 Liter Kraftstoff schluckten und damit deutlich mehr als die vierzylindrigen Alternativen für dieselbe Kundschaft, die etwa Renault Frégate Grand Pavois und Citroën DS hießen. Auch die Einführung der Steuervignette war ein Unglück, denn sie schlug bei einem Auto mit 13 Steuer-PS wie dem Chambord besonders gnadenlos zu Buche. Die Tarife waren unter Mitwirkung des Staatsunternehmens Renault entstanden, damit diese auf kleine Hubräume spezialisierte Marke nicht allzu große Nachteile hätte.
Wie die bei Ford entstandenen Vorgänger, vom Matford der Vorkriegszeit bis zum Vedette der Fünfziger, zielten die

Der Présidence und seine volkstümlicheren Brüder (Beaulieu und Chambord) führten bei Simca die gummibelegten Stoßstangenhörner ein, die der P60 ein Jahr später übernahm.

82 PQ 75

großen Simca auf eine bürgerliche Klientel, die oft abschätzig als „Neureiche" bezeichnet wurde. Eine wohlhabende Klientel, die aber nicht reich genug war, um gleich zu US-Autos zu greifen, die zu teuer und vor allem nicht an die französischen Straßen und das konfiskatorisch eingestellte französische Kraftfahrzeugsteuersystem angepasst waren.

Mit dem magischen Klang ihres sanft murmelnden Achtzylinders, ihren todschicken Heckflossen und ihrem ziemlich protzigen Chromschmuck gaben die Simca Vedette das Gefühl, einen kleinen amerikanischen Straßenkreuzer zu fahren. Die 84 Pferdestärken ermöglichten eine für die Zeit recht hohe Spitze (145 km/h) und wackere, wenn auch für den Hubraum nicht überwältigende Beschleunigung. Der V8 war elastisch, aber kein Ausbund an Laufkultur; er erzeugte bei niedrigen Drehzahlen die Illusion großer Leistung, enttäuschte aber mit Vibrationen und Gebrumm, wenn man ihn ein wenig trat. Im Modelljahr 1961 wurde an der Kurbelwelle ein Schwingungsdämpfer angeflanscht, der die Laufruhe deutlich erhöhte – der Motor von Michels Présidence hat ihn.

Zu den besseren Qualitäten des Chambord gehörten ein gutmütiges Fahrverhalten, eine hinreichend präzise Lenkung und kräftige Bremsen, so dass der Wagen sich seiner Fahreigenschaften Ende der fünfziger Jahre nicht schämen musste. Für die Oldtimerzeitschrift *Auto Passion* konnte ich 1991 ausgiebig einen Présidence mit Trennscheibe fahren, der mich sehr ansprach.

Um ehrlich zu sein, hatte ich schon als Kind eine Schwäche für den Chambord, ganz besonders für die brasilianische Version mit dem langgestreckten Dach, die ich geradezu erhaben finde. Da ich öfter Berichte über diesen Typ verfasse, habe ich auch schon oft die Anekdote erzählt, wie ich als Junge davon träumte, in einem Chambord mitzufahren, um dem süßen Klang des V8 zu lauschen. Als Siebzehnjähriger kam ich für ein Praktikum nach Paris, als ich einen Chambord an der Spitze eines Taxistandes bemerkte. Für einen mittellosen Jugendlichen war Taxifahren irrsinnig teuer, aber es musste sein! Ich stieg ein, teilte dem Fahrer mein Ziel mit und spitzte die Ohren, um für den berauschenden Klang bereit zu sein. Mein Traum zerbarst, als der Motor ansprang und ein unerträgliches Kastagnetten-Geklapper von sich gab. Das Taxi hatte einen grässlichen Perkins-Diesel eingebaut! Ich hätte heulen können.

Leider wollte Pigozzi nach 1960 keine Modellpflege mehr an diesen Typen betreiben und ähnliche ästhetische und motorische Verbesserungen einführen wie die Brasilianer, die ab 1964 den Typhoon-Motor mit hängenden Ventilen (mit Arden-Zylinderkopf) verbauten. Aber im Werk Poissy wurde der Platz für die Produktion des Simca 1000 benötigt. Und so endete die Produktion nach 61.836 Stück, gegenüber mehr als 105.000 der vorigen Generation, im Juli 1961. Zu diesen Zahlen kommen noch die mehr als 63.000 bis 1969 in Brasilien gebauten Chambord hinzu, die zum Schluss 140 PS unter der Haube hatten. Die brasilianischen Fans des Chambord sind heute noch fanatischere Anhänger als die Franzosen dieses wohl provozierendsten aller Simcas, der sowohl im Styling als auch in der Technik anders war als alle anderen. Die Zeit hat es gut gemeint mit dem Chambord. 1958 drehte man sich neidvoll nach ihm um, heute zieht er nur noch faszinierte Blicke auf sich.

Ein Autoradio Marke Simca (Arel) und ein Lederbezug auf dem Armaturenbrett gehörten zur Serienausstattung des Présidence.

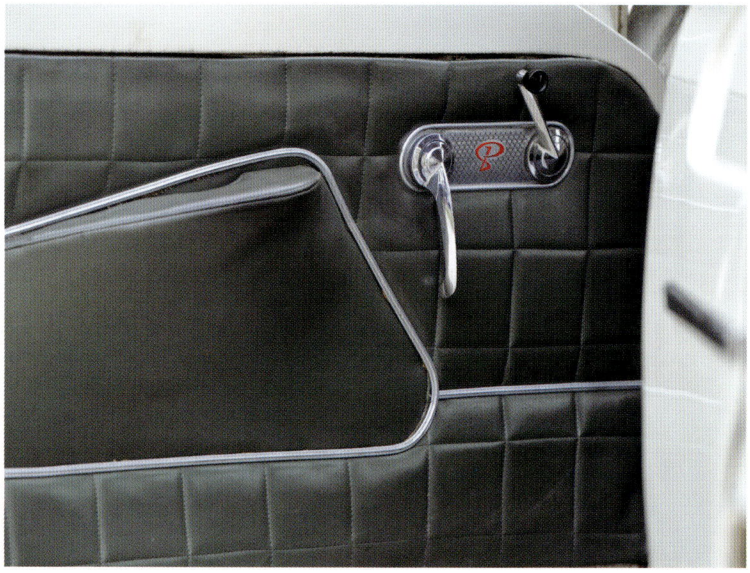

Ziselierte Metallzierteile an den Türgriffen und Fensterkurbeln trugen im Présidence den Buchstaben P statt des C im Chambord.

PRESIDENCE

TECHNISCHE **DATEN**

SIMCA PRÉSIDENCE

Motor: 8 Zylinder in V-Form mit stehenden Ventilen, wassergekühlt, Zylinderwinkel 90°
Hubraum: 2351 cm^3
Motorleistung: 84 SAE-PS bei 4800/min
Drehmoment: 155 Nm bei 2750/min
Gemischaufbereitung: Fallstrom-Doppelvergaser
Kraftübertragung: Hinterradantrieb, Dreiganggetriebe
Bremsen: Trommelbremsen vorn und hinten
Reifen: 165 x 15
Abmessungen: 4,92 x 1,77 x 1,45 m
Leergewicht: 1300 kg
Höchstgeschwindigkeit: 147 km/h
Beschleunigung: 1 km mit stehendem Start 39,8 s
Baujahre: 1957-1961
Gesamtstückzahl: 61.836
(nur französische Produktion)

Wie der Chambord hatte auch der Présidence Radkappen mit Schmuckspeichen und Weißwandreifen – Gipfel der Eleganz in der Mitte der fünfziger Jahre.

Der famose 2,3-Liter-V8 mit den seitlich stehenden Ventilen war in Würde ergraut, aber seine veraltete Konstruktion missfiel der Kundschaft immer mehr. Schade!

Das Design des Armaturenbretts war so elegant wie stattlich, und in der Nabe des leicht geschüsselten Lenkrades mit Hupring erinnerte ein V8-Symbol den Fahrer zur Sicherheit noch einmal an die Zylinderzahl, falls er sie vergessen haben sollte.

KAPITEL 2

MONTLHÉRY SPÉCIALE: DIE SCHÖNSTE ALLER SCHWALBEN

MAURICE CHEVALIER LEHRTE, DASS MAN FÜR DEN ERFOLG AUF DER BÜHNE SEINEN AUFTRITT GUT VORBEREITEN SOLLTE, VOR ALLEM ABER SEINEN ABGANG. GENAU DAS TAT DER ARONDE P60, ALS ER KURZ VOR DEM ENDE IN SEINER AUFREGENDSTEN FORM ERSCHIEN: ALS MONTLHÉRY SPÉCIALE!

Der Montlhéry Spéciale wurde nur zwei Jahre lang gebaut und zeichnete sich durch eine sachliche Eleganz aus, die den etwas chromüberladenen Versionen der Aronde P60 gefehlt hatte.

62 CDL 91

Ende 1958 brachte die Einführung des P60 die Verkäufe des Aronde wieder in Schwung, die nach sieben Jahren Produktionszeit abgesackt waren. Es war zwar kein ganz neues Auto, aber das Restyling ließ die Silhouette deutlich jünger wirken. Das Image von Simca in Frankreich begann zu dieser Zeit bereits etwas unscharf zu werden, weil die an den USA orientierten Marketingmethoden das französische Publikum fast überforderten. Böse Zungen behaupteten, statt „Société industrielle de mécanique et carrosserie automobile" bedeute die Abkürzung SIMCA „Société italienne de mécanique à carrosserie américaine", also etwa „Gesellschaft für italienische Technik in amerikanischen Karosserien". Simca machte ein Restyling nach dem anderen und änderte nach US-Vorbild häufig die Modellpalette. Das gab es bei anderen französischen Marken gar nicht.

MONTLHÉRY, WIE DIE RENNSTRECKE

Ein Jahr vor der Einführung des P60 hatte Simca mit der sportlichen Aronde-Version Neuland betreten. Sie hieß Montlhéry, in Anspielung auf vierzehn Weltrekorde, die mit dem Aronde auf dem gleichnamigen alten Steilkurvenkurs südlich von Paris aufgestellt worden waren. In Frankreich war es 30 Jahre vor der GTI-Welle gänzlich neu, einer Limousine eine Sportversion zur Seite zu stellen. Dem Beispiel von Simca folgten bald Renault mit der Dauphine Gordini und Panhard mit dem Dyna Tigre. Genau genommen hatte Simca schon ein Jahr zuvor eine stärkere Version des Aronde vorgestellt, in Form der Luxusversionen Élysée Matignon und Rue de la Paix, die wegen viel zu hoher Preise geflöppt waren.

Ab 1961 zeigte statt des horizontalen Bandtachos wieder eine preiswertere konventionelle Tachonadel die Geschwindigkeit an. Senkrecht auf der Lenksäule thront der so typische Aronde-Blinkerhebel!

Der Montlhéry von 1958 wiederholte den Fehler nicht, er kostete nur drei Prozent mehr als der Élysée und bot außer den Mehr-PS elegante Radkappen, die die Felgen voll abdeckten und von den prächtigen Facel-Modellen auf Simca-Basis stammten. Der Motor Typ Flash Spécial mit 1290 cm^3 und leicht modifiziertem Zylinderkopf mit höherer Verdichtung leistete 57 SAE-PS bei 5200/min statt der 48 PS bei 4800/min des normalen Flash. Der höher getunte Motor war nicht neu, denn er trieb seit 1955 die Facel-Versionen an, man kann sogar sagen seit 1952, als er noch mit 1221 cm^3 51 PS statt der 45 des Basis-Aronde leistete. Mit 138 km/h Spitze statt der 130 km/h des Elysée und lebhafterer Beschleunigung war der Montlhéry für das Jahr 1958 ein flinkes Auto, schneller und spritziger als der Peugeot 403. Natürlich war er nicht so geräumig wie dieser, schon gar nicht in der Breite, und auch nicht so komfortabel, da zu hart gefedert. Auch dem sprichwörtlichen Ruf der Solidität des Peugeot konnte er nicht das Wasser reichen. Der Flash-Spécial-Motor trieb natürlich auch die zweitürige Version Grand Large an.

FÜR EIN PAAR PFERDE MEHR

Der P60 erbte diesen Motor, aber seine etwas schlechtere Aerodynamik kostete ihn 3 bis 4 km/h Höchstgeschwindigkeit, die er erst 1960 mit einer auf 7,2 erhöhten Verdichtung zurückbekam, mit der sich die Motorleistung auf 50 PS (respektive 60 PS für den Montlhéry) erhöhte. In diesem Jahr erhielt er auch eine neue Hinterachsfederung, die „mixte" genannt wurde, weil sie die bisherigen Blattfedern mit komfortableren Schraubenfedern verband. Auch damit allerdings geriet der Aronde nicht zum Komfortwunder.

Das mittlerweile zehn Jahre alte Konzept verriet sich in Komfort, Raumangebot und der widerspenstigen Schaltung. Wir werden noch sehen, dass Pigozzi einen Fehler machte, als er das Nachfolgeprojekt 903 und die Ablösung des Aronde aufschob. Das Restyling zum P60 hatte zwar den Absatz belebt – mit einem Marketing, das der französischen Konkurrenz weit voraus war, aber das hielt nicht lange vor.

Pigozzi hatte immer mehr in das investiert, was man sehen konnte, als in das, was unter dem Blech war. Aber widerwillig

Wie schmal der Innenraum des P60 ist, sieht man ganz gut beim Blick auf das Armaturenbrett, das Ende 1958 etwas gradliniger wurde. Auf der Lenkradnabe die berühmte Schwalbe.

SIMCA
62 CDL 91

SIMCA
62 CDL 91

erlaubte er seinen Konstrukteuren, den Flash-Motor mit 1290 cm^3 zu modernisieren, der immerhin, wie wir uns erinnern, auf den Fiat 1100 aus der Mitte der 30er Jahre zurückging. Ein Grund für die Modernisierung war, dass derselbe Motor auch für den Nachfolger des Aronde vorgesehen war, dessen Einführung aufgeschoben wurde. Mit dem neuen Namen Rush (Typ 312) entstand zwar kein ganz neuer Motor, aber immerhin waren 172 Teile geändert, darunter die nun fünffach statt dreifach gelagerte Kurbelwelle und ein neuartiger Ölfilter, der die Ölwechselintervalle ausdehnte.
Es schien nicht gerade verkaufsfördernd, Kurbelwellenlager zum schlagenden Argument beim Verkauf zu machen. Aber die Simca-Werbung war so gut darin, so dreist und so zungenfertig, dass die Zahl der Kurbelwellenlager plötzlich zum wichtigen Topos der Automobilwerbung und der Automobilpresse wurde. Nach dem Aronde wurden erst der Simca 1000 und bald auch von Renault der R8 mit dem Motortyp Sierra so angepriesen. Fünf Kurbelwellenlager wurden Synonym für Haltbarkeit, Laufruhe und Drehzahlfestigkeit. Aronde-Kenner wissen, dass die zwei zusätzlichen Lager nicht genauso wirksam sein konnten wie die ursprünglich vorhandenen, weil der Motorblock aus Kostengründen nicht genug geändert worden und die neuen Lager weniger gut abgestützt waren.
Trotzdem waren der Fortschritt spürbar und vor allem die Laufruhe bei hohen Drehzahlen deutlich verbessert, was eine erhöhte Verdichtung zuließ. Die Motorleistung stieg von 52

Das Reserverad im Kofferraum des Aronde musste von Modelljahr zu Modelljahr häufig umziehen. Es galt in Zeiten häufigerer Reifenpannen als Nachteil, wenn es unter dem Gepäck lag.

Der Aronde hatte stets einen Hupenring, der beim Ein- und Aussteigen manchmal unbeabsichtigte Signale an die Umgebung versandte.

PS bei 4900/min auf 62 PS bei 5200/min beim Élysée (312 S), mit etwas mehr Drehmoment beim Rush Super, der den Montlhéry, den Ariane, den Monaco und die sportlichen Facel-Versionen antrieb. Und so kam der Élysée auf 130 km/h, der Montlhéry auf 140 km/h und der große Ariane kratzte an den 130 km/h. Der Rush war ein gelungener Motor. Im Übrigen sollte er noch weitere zehn Jahre im 1300 und dem 1301 mit 62 PS vor sich haben, bis er durch eine kleinere Version des 1501-Motors ersetzt wurde.

S WIE SPÉCIALE – UND WIE SACHLICH

Der Jahrgang 1961 brachte eine überraschende Wende in der Designphilosophie. Beim Erscheinen des P60 hatte Pigozzi auf individuelle Farbgestaltung mit Zweifarbkombinationen gesetzt, inspiriert von US-Vorbildern. Die ersten Modelljahre prägten auch üppiger, um nicht zu sagen kitschiger Chromschmuck mit breiten seitlichen Zierleisten, besonders beim Montlhéry, und sogar goldfarbene Zierteile beim zweitürigen Monaco. Inzwischen waren es aber nicht mehr die Amerikaner, die den guten Ton im Autodesign angaben, sondern die Deutschen. Mercedes eroberte die wohlhabenden Käuferschichten mit Fahrzeugen, die weniger auf schrille Dekoration und mehr auf Technik setzten.

Der Aronde Modell 1961 trug wieder einfarbige Lackierungen, war sachlicher und trug anstelle der großen Radkappen kleinere, diskreter wirkende. Die ziselierten halbrunden seitlichen

Der Spéciale hatte neu gestaltete, bequemere Sitze, für die Kunstlederbezüge zur Wahl standen. Das Naugahide genannte synthetische weiße Material ahmte das Leder sehr gut nach.

Schmuckbleche wurden durch eine schlanke, gerade und deutlich sachlichere Zierleiste ersetzt. Diese streckte das Auto optisch, auch wenn es nicht so lang wirkte wie in den Simca-Anzeigen, wo der Aronde immer aussah, als sei er mindestens fünf Meter lang.

1962 tauchte eine neue Farbe im Katalog auf – Graumetallic. Die Lackhersteller hatten lange an Pigmenten arbeiten müssen, die haltbar genug waren. Eine der ersten Automarken, die sie anboten, war Peugeot mit dem 404 Super Luxe, wo sie mit einer Lederausstattung kombiniert wurde – der Verkaufserfolg übertraf alle Erwartungen.

Simca stürzte sich auf Graumetallic und bot es insbesondere auf dem Montlhéry an, dem sie sehr gut stand, weil sie zu dem sachlich-eleganten Design passte. Darüber hinaus wurde die Farbe ab Ende 1963 als Wunschausstattung für den 1000 GL und den Ariane SLC angeboten, noch bevor jeder Hersteller sie ins Angebot aufnahm. Graumetallic wurde die Lieblingsfarbe der Autokäufer jener Jahre.

Aber das war noch nicht alles. Zur allgemeinen Überraschung erhielt der Montlhéry für seine letzten Baujahre einen stärkeren Motor mit der Bezeichnung Super M (modifiziert). Mit einer Überarbeitung des Ventiltriebs, unter anderem durch härtere Ventilfedern, und des Zylinderkopfs, dazu einem Solex-Vergaser mit 34 statt 32 mm Durchmesser, kletterte die Motorleistung von 62 auf 70 PS (312 SM) bei einer höheren Drehzahl von 5400/min. Damit erreichte der Wagen 145 km/h – für einen 1300 damals ein Spitzenwert – und wurde dank einer etwas kürzeren Achsübersetzung (9:43) deutlich spritziger.

Der Montlhéry Spéciale war etwas schneller als der Peugeot 404 mit 72 PS und der DS19, die beide eine Klasse höher angesiedelt waren. Seine neu gestalteten Sitze konnten auf Wunsch mit einem weißen Kunstleder der Bezeichnung Naugahide geliefert werden, das ziemlich genau wie Leder aussah. Diese Option wurde vom Händlernetz mit Nachdruck empfohlen, denn während die Stoffbezüge schnell verschlissen, war das Kunstleder unverwüstlich, und die so ausgestatteten Autos waren als Gebrauchtwagen viel besser zu verkaufen.

Ehrlich gesagt zweifelten viele Leute daran, dass die 70 PS des Spéciale echt waren, denn Simca stand in dem Ruf, mit Worten besser als mit Taten zu sein. Diese Zweifler vermuteten dahinter den neuesten Werbegag von Pigozzi, umso

Aus diesem Winkel sieht man sehr gut den Absatz über dem Heckfenster, der durch die weiter nach hinten gezogene Dachlinie entstand. Pigozzi hatte darauf bestanden, nachdem er gesehen hatte, dass die ersten P60 noch dieselbe Dachpartie hatten wie ihre Vorgänger und ihnen zu ähnlich sahen.

mehr, da keine Fachzeitschrift den Wagen je testete, denn der Aronde stand am Ende seiner Laufbahn und verkaufte sich nur noch schleppend.

EINE GRAUSAME ENTTÄUSCHUNG

Ein paar Jahre später besaß der Vater eines Freundes einen Montlhéry Spéciale in Graumetallic mit Sitzen in weißem Naugahide, den er 1970 für einen Fiat 125 in Zahlung gab, wie etliche Simca-Kunden zu jener Zeit. Er hatte zuvor auch einen Montlhéry mit 62 PS gefahren und konnte vergleichen. Nach seinen Worten hatte der Spéciale die angepriesene Mehrleistung durchaus, aber man musste den Motor ausdrehen, um sie auch zu erreichen, und im unteren Drehzahlbereich war der Wagen dafür deutlich unwilliger, denn das höchste Drehmoment lag erst bei 2900/min an. Deshalb bot Simca den Motor weder im 1300 noch in der Ariane an. Außerdem hatte der Motor nach weniger als 100.000 km neue Kolbenringe gebraucht, deshalb hielt er den Typ M für weniger haltbar als den Rush Spécial, mit dem er eine größere Laufleistung erreicht hatte.
In meiner Zeit als Motorjournalist habe ich nie einen Montlhéry Spéciale fahren können, am nächsten dran war ich mit einem sehr schönen Montlhéry von 1960 mit 60 PS, über den ich eine Reportage für ein Oldtimerblatt machte. Er gefiel mir sehr und ich bedauerte, früher keinen besessen zu haben. Ich wurde daran erinnert, wie ich mit frischem Führerschein das stärkste gebrauchte Auto kaufen wollte, das ich mir leisten konnte. Fünf oder sechs Jahre alte Arondes waren heiße Kandidaten dafür, besonders Montlhérys. Aber ich fand keinen, denn sie waren rar.
Und dann, eines Tages, erblickte ich bei einem Peugeot-Händler, dessen Verkäufer mein Vater kannte, einen Montlhéry Spéciale 62 in Graumetallic mit weißem Interieur, in Bestzustand. Ein Traum! Ich bat meinen Vater, der in solchen Dingen geschickter war, den für mich etwas zu hohen Preis herunterzuhandeln. Am Abend überbrachte er mir die schlechte Nachricht: In meiner jugendlichen Naivität hatte ich geglaubt, nur der Montlhéry Spéciale sei in dieser Farbkombination gebaut worden. Der Gebrauchte des Peugeot-Händlers war aber ein schlapper Étoile 6 mit dem 1100er Motor und 42 PS!
In meiner Aufregung und im Halbdunkel der Garage hatte ich nicht gesehen, dass nicht der berühmte Montlhéry-Spéciale-Schriftzug mit der Zielflagge am Auto prangte, sondern eine „6" an der Heckschürze. Ich war am Boden zerstört. Ich habe nie einen Montlhéry Spéciale gehabt, und nachdem ich den von Johnny gesehen habe, den wir für dieses Kapitel fotografierten, bedaure ich es erst recht.

Simca musste sich oft den berechtigten Vorwurf anhören, zu zerbrechliche Kunststoffteile zu verbauen, wie diesen Handschuhkastengriff. Bei Peugeot war das Teil aus Stahl!

Das berühmte Spéciale-Logo unterstrich den Montlhéry-Schriftzug mit der karierten Flagge, der an die Geschwindigkeitsrekorde von 1957 auf dem Hochgeschwindigkeitsoval und an die in Miramas 1960 erinnerte.

Die teureren Versionen hatten Griffe aus Metall an den Türen statt der Plastikteile des Etoile 6. Aber auch bei ihnen vermisste man schmerzlich eine Türtasche für Straßenkarten und ähnliches.

MONTLHÉRY SPÉCIALE

Motor: Vierzylinder-Reihenmotor, wassergekühlt, vorn längs eingebaut
Hubraum: 1290 cm³
Motorleistung: 70 PS bei 5400/min
Drehmoment: 110 Nm bei 2900/min
Gemischaufbereitung: Vergaser Solex 34 PBCI
Kraftübertragung: Hinterradantrieb, Vierganggetriebe
Bremsen: Trommelbremsen vorn und hinten
Reifen: 155 x 14
Abmessungen: 4,19 x 1,56 x 1,42 m
Leergewicht: 950 kg
Höchstgeschwindigkeit: 142 km/h
Beschleunigung: 1 km mit stehendem Start 39,5 s
Baujahre: 1962-1963
Gesamtstückzahl aller Aronde: 1.342.984

Unten: Ein großes gelbes „M“ auf dem rotlackierten Ventildeckel des Rush-Motors weist auf die 70-PS-Version hin.

MONTLHÉRY SPÉCIALE: DIE SCHÖNSTE ALLER SCHWALBEN

Der herrliche Montlhéry Spéciale von Johnny hat einen kleinen Rammschutzbügel aus dem Zubehörprogramm, der den etwas verwundbaren Kühlergrill der P60-Modelle schützen sollte.

KAPITEL 3

SIMCA 1200 S: LA PETITE PORSCHE

AUS DEM 1000 COUPÉ ABGELEITET, HATTE DER SIMCA 1200 S MAL EBEN DOPPELT SOVIEL LEISTUNG UND SPRACH EINE GANZ ANDERE KUNDSCHAFT AN. PLÖTZLICH BEGANNEN SICH DIE MÄNNLICHEN SPORTWAGENFAHRER DER SPÄTEN 1960ER FÜR DAS WÜTEND BELLENDE COUPÉ ZU INTERESSIEREN.

Gandinis genialer Coup: Mit seinem gierigen Kühlermaul, den Zusatzscheinwerfern und den Abluftschlitzen auf der Haube war der 1200 S um einiges rassiger und aggressiver und sprach die männliche Kundschaft an.

Georges Héreil folgte auf Henri Théodore Pigozzi, den Chrysler 1963 nach der Übernahme von 65 Prozent der Simca-Anteile ausgebootet hatte, und hatte zumindest am Anfang noch Spielräume, die er auszunutzen wusste. Er sicherte die Entwicklung eines Frontantriebsautos, die Pigozzi bereits angestoßen hatte, und ließ ab 1966 eine sportlichere Version des 1000 Coupé entwickeln. Später wurde er von einer Abfolge amerikanischer Vorgesetzter deutlich stärker kontrolliert, deren Vorgaben oft Folgen hatten, die sich auf die Zukunft der Marke noch dramatisch auswirken sollten.
Als das Simca 1000 Coupé 1962 erschien, war ich ein Autofan in der Pubertät. Ich fand das Auto hübsch, aber irgendwie zu feminin, und die Fahrleistungen (140 km/h) nicht aufregend genug. Als im Jahr darauf der Panhard 24 CT kam, fand ich ihn viel männlicher, kaufte mir Jahre später einen und blieb oft unterwegs damit liegen.

AGRESSIVER

Das neue Coupé 1200 S aber gefiel mir im Juni 1967 auf Anhieb. Als ich das erste Mal eines sah und vor allem hörte, zogen mich das Haifischmaul des Kühlergrills und der heisere Klang des Doppelauspuffs völlig in ihren Bann. Liebe auf den ersten Blick! Ich nahm mir fest vor, eines Tages eins zu fahren, denn damals fuhr ich kurz nach dem Führerschein in einem gebrauchten Panhard PL17 herum. Was war so anders an diesem 1200 Coupé als beim 1000 Coupé, das mich völlig kaltließ, und was machte mich so richtig an – wo doch beide so eng verwandt waren?

Simca war im Innenraum des 1200 S Coupé der Mode erlegen und hatte Holzimitat und farbige Instrumentenskalen auf dem Armaturenbrett ausgebreitet. Deutlich eleganter war das schlicht grau mattierte des 1000 Coupé gewesen.

CL-839-KF

Giorgetto Giugiaro hatte das 1000 Coupé in seiner Zeit als Designer bei Bertone gezeichnet. Seinen Entwurf hatte Pigozzi dem von Facel vorgezogen. Um das Restyling kümmerte sich Marcello Gandini – und landete einen Geniestreich!
Der vorverlegte Kühler erforderte einen Lufteinlass, dessen aggressives Maul die Physiognomie des Autos völlig veränderte. Die Halogen-Fernscheinwerfer im Kühlergrill, die Öffnungen für die Frischluft neben den Hauptscheinwerfern und vor allem die schwarzen Abluftgitter im Lamborghini-Stil auf der Haube, durch die der Kühler seine Hitze ausatmete, sorgten für genau die Aggressivität, die dem Wagen zuvor gefehlt hatte.
Zwei Rückfahrscheinwerfer zusätzlich zu den runden roten Heckleuchten vom Simca 1000 standen dem Heck gut, das etwas nackt gewirkt hatte. Dazu kamen sportliche Radkappen mit sichtbaren Schraubenköpfen – sie waren das erste Werk des späteren Renault-Designschefs Patrick Le Quément, der gerade bei Simca angefangen hatte. All diese kleinen Tricks machten aus dem 1200 Coupé eine viel kriegerischere Erscheinung, als es die 1000er Version gewesen war.

MEHR MUSKELN AUCH IM MOTORRAUM

Wenn das 1200 S Coupé nur diese Schönheitsoperation bekommen hätte, wäre es wohl ein Fall für die hübschen Pariserinnen geblieben, denen Pigozzi das 1000 Coupé zugedacht hatte. Aber es gab auch unter der hinteren Haube Neuigkeiten. Für den zukünftigen 1100 hatte der Ingenieur Georges Martin (Vater des Matra-V12-Rennmotors) einen neuen Motor gezeichnet, der „engraissé" („angefettet") genannt wurde und fast genauso aufgebaut war wie der des 1000. Der größere Block (Typ F), der steifere Kopf und die um 16 Prozent schwerere Kurbelwelle boten Potenzial für mehr Hubraum: Im 1100 waren 1118 cm^3 vorgesehen, der 1200 S hatte 1204 (Motortyp 354), und für 1308 und 1510 sollten es noch mehr werden, aber das ist eine andere Geschichte.
Dank hoher Verdichtung von 10,25 – ungewöhnlich damals –, zweier großzügig geformter Krümmer und zweier Solex-Querstrom-Doppelvergaser mit je 35 mm Durchlass, die einen leicht optimierten Zylinderkopf beatmeten, kletterte die Motorleistung auf 80 DIN-PS bei 6000/min.

Der Innenraum erhielt seine Frischluft durch kleine Einlässe neben den Scheinwerfertöpfen, der vorn eingebaute Kühler stieß die Hitze durch Auslassgitter aus, die vom Lamborghini Miura hätten sein können.

CL-839-KF

CL-839-KF

Also fast das Doppelte der 42 PS des 944-cm³-Motors im 1000 Coupé! Im Juli 1967 waren 80 PS eine Ansage. Ein Peugeot 404 mit 1600 cm³ hatte 70 PS, ein Simca 1300 bloß 54. Um die Leistung auf die Straße zu bringen, machten sich die Entwickler endlich einmal übers Fahrwerk her, das nicht die Stärke des 1000 war. Die Konzeption hatte 1959 Fiat durchgedrückt, wobei zugestanden sei, dass es auch nur um eine Leistung von 34 DIN-PS (45 SAE-PS) gegangen war. Mit zusätzlichen Gelenken auf der Radseite der Antriebswelle wurde ein kräftiger konstanter negativer Sturz ermöglicht, der auch bei vollem Ausfedern nie in den positiven Bereich überging wie zuvor. Auch er trug dazu bei, dem Auto einen „Rennwagenlook" zu verleihen, denn Renault Alpine und R8 Gordini fuhren schon eine Weile so herum.
Vorne blieb es zwar bei der Querblattfeder zur Radführung, aber die Feder selbst wurde immerhin deutlich stärker befestigt. Das für seine schlaffe Ungenauigkeit berühmte Gemmer-Schnecken-Lenkgetriebe wurde zwar ebenfalls beibehalten, aber neu positioniert. Bei den Bremsen blieb es bei den Scheiben rundum ohne Servounterstützung, die schon das 1000 Coupé auf ein höheres Niveau als das der vier kleinen Trommeln der 1000 Limousine gehoben hatten.

... UND DAS WUNDER GESCHAH

Viele Autotester waren aufs Schlimmste gefasst, als sie das kleine Holz-(-imitat-)Lenkrad des 1200 S Coupé für ihre erste Runde in Montlhéry ergriffen. Aber, oh Wunder! Sie waren verblüfft von der Fahrstabilität und der genaueren Radführung der Vorderachse, zu der sich ein zumindest bei Windstille exzellenter Geradeauslauf gesellte. Verschwunden war das Gefühl, nichts Festes in der Hand zu halten wie beim Simca 1000, wenn auch die Lenkung etwas teigig blieb.
Die neue Kurvenstabilität war natürlich der Feinarbeit an der deutlich härteren Federung und der präziseren Radführung geschuldet, besonders aber der besseren Gewichtsverteilung durch den vorverlegten Kühler, der durch einen (lauten) Elektrolüfter unterstützt wurde und mit diesem gemeinsam den vorderen Kofferraum deutlich verkleinerte. Natürlich blieb der Wagen mit dem Motor hinter der Hinterachse ein notorischer Übersteurer, aber von kundigen Händen war er nicht nur mit sehr viel Spaß, sondern auf engen kurvigen Strecken auch sehr schnell zu fahren. So mancher sprach – zu Recht – von einem veritablen kleinen Porsche, einer „petite Porsche"! Auch sonst gab es fast nur Gutes zu berichten. Der tapfere kleine 1200er trieb das Coupé unter schönem Motorgrollen

Giugiaro gab dem 1200 S Coupé ein wunderschönes Profil, in dem man allerdings auch Ähnlichkeiten mit dem NSU Sportprinz erkennt, den er ebenfalls entwarf. Der Auspuff des abgebildeten Autos ist nicht das Serienteil.

auf fast 170 km/h und stürmte den stehenden Kilometer in weniger als 35 Sekunden.
Die Leistungen waren für einen sportlichen Wagen ausreichend und ansprechend, auch wenn viele Tester fanden, es fehle dem 1200er unten herum trotz allem an Durchzug, man müsse fleißig die Gänge wechseln, wobei die exakte Schaltung und die Qualität der Porsche-Synchronisierung des Getriebes allgemein gelobt wurden. Üppig ausgestattet, kam das Coupé immerhin auf fast 900 kg Leergewicht. In seiner Preisklasse gab es zwar keine ernsthafte Konkurrenz durch Coupés, aber es gab einen Platzhirsch unter den sportlichen Autos mit einem Ruf wie Donnerhall: den R8 Gordini 1300.

SIMCA 1200 S GEGEN R8 GORDINI

Da die beiden Wagen dasselbe kosteten (13.850 Francs), war der Vergleich unausweichlich, zumal sie sich bei aller Unterschiedlichkeit im Geist recht ähnlich waren. Für den 1200 S sprachen das hübschere Aussehen, die bessere Ausstattung, ein schickeres Interieur mit ansehnlichem Armaturenbrett – auch wenn letzteres etwas von dem Raffinement des 1000 Coupé verloren hatte, dessen mattes Aluminiumblech nun schnödes Holzimitat ersetzte, während die Rundinstrumente bunter und weniger sachlich geworden waren. Der Simca war auch deutlich sparsamer, denn es war auch mit Bleifuß kaum möglich, mehr als 11 Liter auf 100 km zu verbrauchen – der französischblau lackierte Rivale nahm sich 15.
Der Renault war ein Viertürer mit bequemeren Sitzen. Die vorderen Rückenlehnen ließen sich im Gegensatz zu denen des 1200 S verstellen. Er hatte einen Bremskraftverstärker, der den ersten 1200 S fehlte. Vor allem aber hatte der 1204-cm³-Motor des Simca 8 PS weniger als der spritzige 1255 cm³ große des Renault (88 PS), der auch im Drehzahlkeller besser zog und im Vortrieb auf die Unterstützung eines Fünfganggetriebes zählen konnte, das schlecht zu schalten war, aber bessere Anschlüsse bot als die Viergangbox des 1200 S.
Der Renault hatte mit 175 km/h nicht nur die höhere Spitze, er schaffte auch den stehenden Kilometer schneller (33,5 Sekunden) und war vor allem bei mittleren Drehzahlen deutlich durchzugsstärker. Trotzdem verkaufte sich der Simca, als Coupé ohne echten Konkurrenten, besser als der R8 Gordini, auch wenn sich an den heute mehr Leute erinnern. Und er tat dem arg gebeutelten Image gut und wurde auch zum Türöffner im Motorsport mit dem Challenge Simca, auf Initiative von Henri Chemin. Aber das ist eine andere Geschichte.

Der Holzknauf (Zubehör) thront auf dem Schaltknüppel, der nach der von Alfa Romeo eingeführten Mode aus einem Kunstlederbalg ragt. Mit den beiden Rückfahrscheinwerfern macht das Heck viel mehr her als das etwas nackte des 1000 Coupé.

JONOR
CL-839-KF

KLEINE ÄNDERUNGEN, GROSSE FORTSCHRITTE

1969 spendierte Simca dem 1000 das Fahrwerk des 1200 S Coupé und legte noch eine Zahnstangenlenkung obendrauf, die auch dem Coupé zugutekam. In der Zwischenzeit hatte das Coupé einen Bremsservo bekommen, den sich die Fahrer schon lange wünschten, und die Sitzlehnen waren verstellbar, eine willkommene Verbesserung der Sitzposition, die immer noch unter den seitlich zur Mitte versetzten Pedalen litt.
1970 schließlich gab es eine von den Krümmern bis zum einzelnen Endrohr neue Auspuffanlage, die etwas leiser war und zusammen mit ein wenig Feintuning am Zylinderkopf die Motorleistung auf 85 PS anhob. Jetzt schaffte das Simca 1200 S Coupé echte 175 km/h Spitze und trug dazu reizende Leichtmetallfelgen, die allerdings die schüchterne Serienbereifung (145 R 13) noch zierlicher machten.
Der Absatz ging deutlich zurück (1359 Stück 1971), und Simca ließ Bertone die vom Transport schon leicht angerosteten Rohkarossen zur Montage ins Chrysler-Werk nach Rotterdam anliefern, wohin die Produktion ausgelagert war, weil in Poissy jeder Quadratmeter gebraucht wurde, um noch mehr 1100 zu bauen. Das 1200 S Coupé war ein Modell zu viel. Seit Ende 1969 hatte Simca schon einen Vertrag mit Matra für den Vertrieb des 530 über sein Händlernetz, in Erwartung des künftigen Bagheera, der ebenso wie der Rallye 2 die Antriebsaggregate des 1200 S Coupé erben sollte.
Der Abverkauf zog sich nach 14.741 gebauten Exemplaren bis Ende 1972 hin, zu denen man noch mehr als 10.000 Exemplare des 1000 Coupé zählen muss. Von fatalen Rostproblemen geplagt, verschwand das 1200 S Coupé früh von den Straßen, und ich selbst wurde auch durch eine rasch wachsende Familie gehindert, je einen zu besitzen, so sehr ich als Achtzehnjähriger auch danach geschmachtet hatte.
Aber ich konnte diese Lücke später durch mehrere Reportagen schließen, die ich für die Oldtimerrubriken verschiedener Zeitschriften verfasste, zuerst 1988 und dann 1992. Beide Male war es dasselbe Auto, das ein Simca-Fan mit dem Vornamen Pascal völlig restauriert hatte. Ich merkte, dass ich immer noch verliebt in dieses Auto war. Ich mochte seine gleichzeitig schlichte und aggressive Form, den starken negativen Sturz der Hinterräder, den knappen, schwarz ausgekleideten Innenraum, das Holzlenkrad und die roten Leuchten in den Türen. Ich war verblüfft, welchen Fahrspaß es immer noch bereitete und wie flink es beschleunigte, wenn man bereit war, den wütend bellenden 1204-cm³-Motor bis in den roten Bereich des Drehzahlmessers auszudrehen. Ich bedauerte noch stärker, den Wagen nicht mit 20 gefahren zu haben – und tröstete mich mit dem Gedanken, dass man so verliebt immer 20 bleibt, auch wenn man schon zweimal 20 Jahre zählt.

Das B von Bertone bedeutete, dass die Rohkarossen in dessen Karosseriewerk gebaut wurden, wo man leider die Geheimnisse der Rostvorsorge noch nicht ergründet hatte.

Das 1200 S Coupé in seiner ganzen Schönheit. Ein subtiler Cocktail von Eleganz und Aggressivität, wenn auch immer noch recht feminin.

TECHNISCHE **DATEN**

SIMCA 1200 S

Motor: Vierzylinder-Reihenmotor aus Grauguss, wassergekühlt, längs hinter der Hinterachse
Hubraum: 1204 cm^3
Motorleistung: 80 bis 85 PS bei 6000/min
Drehmoment: 105 Nm bei 4000/min
Gemischaufbereitung: zwei Solex-Querstrom-Doppelvergaser 35 mm
Kraftübertragung: Hinterradantrieb, Vierganggetriebe
Bremsen: Scheibenbremsen vorn und hinten
Reifen: 145 x 13
Abmessungen: 3,79 x 1,525 x 1,27 m
Leergewicht: 890 kg
Höchstgeschwindigkeit: 170 bis 175 km/h
Beschleunigung: 1 km mit stehendem Start 34,5 s (33,9 s ab 1970)
Baujahre: 1967-1972
Gesamtstückzahl: 14.741

Oben: Die Ausstattung war üppig, wie diese Drehgriffe für die Ausstellfensterbetätigung zeigen. Unten: Der 1204 cm^3 große Motor gab je nach Modelljahr 80 bis 85 PS ab.

Die Rückenlehnen der ersten Modelljahre waren noch starr. 1969 wurde dieser Fehler beseitigt und die typische Sitzposition mit gestreckten Armen „à la Jim Clark" etwas bequemer.

KAPITEL 4

SIMCA 1100 TI

HEISSE HECKKLAPPE

DER 1100 KANN VIELE REKORDE VORWEISEN: ERSTER SIMCA MIT FRONTANTRIEB ZUM BEISPIEL, UND EINE ZEITLANG SOGAR MEISTVERKAUFTES AUTO IN FRANKREICH! IN SEINER EXTRABREITEN MODELLPALETTE FINDET SICH AUCH DER VORLÄUFER EINER AUTOKATEGORIE, DIE HEUTE MEIST MIT DEM GOLF GTI IDENTIFIZIERT WIRD: DER 1100 TI.

Mit dem teilgeschwärzten Kühlergrill, den vielen Scheinwerfern und dem kleinen Spoiler war der 1100 TI deutlich krawalliger als die zahmeren Versionen.

Die Geschichte des 1100 TI beginnt im Juli 1973, als gerade der millionste 1100 gebaut worden ist. Simca profitiert von seiner Verbindung mit Matra, die gerade zum zweiten Mal die 24 Stunden von Le Mans gewonnen haben. Der Erfolg strahlt auf Simca ab und macht die Marke jung und sympathisch – die Modellpalette umfasst ein paar sportliche Varianten, die gut dazu passen: Der Rallye 2 ist noch frisch, dazu gibt es den 1100 S und den 1301 S. In dieses Programm fügt sich der 1100 TI sehr gut ein.

Der 1967 vorgestellte 1100 ist natürlich schon längst keine Neuheit mehr, aber er ist das Zugpferd im Simca-Stall und gefällt den Kunden trotz der neueren Konkurrenz von Renault 12 und Citroën GS. Bei seiner Einführung als hässlich geschmäht und am Heck 1972 kosmetisch überarbeitet, hat er sein vermeintliches ästhetisches Handicap längst mit seinen unübersehbaren Qualitäten bei Nutzwert und Fahreigenschaften vergessen lassen. 1973 ist das Jahr des Produktionsrekordes mit fast 317.000 Exemplaren (inklusive Montage im Ausland), im Vorjahr 1972 war er das meistverkaufte Pkw-Modell auf dem französischen Markt. Der Erfolg fußt auf einem breiten Angebot mit rund zehn Versionen von 5 bis 7 Steuer-PS, mit zwei oder vier Türen, als Schräghecklimousine oder Kombi, und seit Anfang 1973 sogar als Kastenwagen mit hohem Dach.

MOTOR VOM RALLYE 2

Schon im Juli 1970 hatte der 1100 S ein erstes Ausrufezeichen gesetzt. Mit einem auf 75 PS gebrachten Motor und

Die Kopfstützen schränkten das Sichtfeld der Fondpassagiere ein, aus deren Perspektive der Farbkeil im oberen Bereich der Windschutzscheibe gut zu erkennen ist.

3367 YL 27

155 km/h Spitze war er das schnellste Auto seiner Klasse. Die Konkurrenz antwortete mit dem 12 TS und dem Peugeot 304 S, die wiederum Simca veranlassten, eine noch sportlichere Version zu lancieren.
Das war leicht zu machen, denn eine kräftigere Version des 1294-cm^3-Motors war bereits im Heck des noch frischen Rallye 2 eingebaut, und vor allem auch quer und mittschiffs im Matra Bagheera.
Simca machte diesen nun im 1100 TI zum quer eingebauten Frontmotor. Der Motor entsprach bis auf eine spezielle Auspuffanlage genau dem des Matra. Er leistete 82 PS gegenüber den 75 des 1100 S, der 1972 von 1200 auf 1300 cm^3 aufgebohrt worden war und dafür seine beiden Doppelvergaser eingebüßt hatte. Der 1100 TI bekam sie zurück, womit der Leistungsunterschied zwischen den beiden weitgehend gleichen Motoren auch schon größtenteils erklärt war.
Zur Kompensierung der größeren Motorleistung erhielt die Bremsanlage größere Scheiben vorn (die des Rallye 2) und stärkere Antriebswellen, die Torsionsstabfedern und besonders die Dämpfer wurden etwas härter, die Spurweiten wurden mit Felgen etwas geringerer Einpresstiefe breiter. Und das war es auch schon – denn mit Einzelradaufhängung und Torsionsstabfedern rundum, guter Gewichtsverteilung und einer direkten und präzisen, wenn auch etwas schwergängigen Lenkung hatte der Simca 1100 von Haus aus eine beeindruckend gute Straßenlage, bei einem besonders in den mehr familienorientierten Versionen brauchbaren Federungskomfort.

AUSSERGEWÖHNLICH REICHE AUSSTATTUNG

Der 1100 S war schon eines der bestausgestatteten Autos seiner Klasse, aber der TI übertraf ihn – einer seiner Pluspunkte, nur wenige Konkurrenten waren so komplett ausgestattet. So hatte er serienmäßig sechs Scheinwerfer vorn. Zu den zwei schon vom 1100 S bekannten Zusatz-Fernscheinwerfern im Kühlergrill hatte er zwei Halogen-Nebelscheinwerfer, und am Heck zwei Rückfahrscheinwerfer. Eine Unterdruckhupe und eine noch seltene Verbundglasfrontscheibe mit Farbkeil am oberen Rand fielen ebenfalls auf.

Das Armaturenbrett des Modelljahrgangs 1974 in den 1100 TI gilt mit seinen sechs Rundinstrumenten mit Chromringen allgemein als das schönste der Baureihe.

SIMCA
TI
3367 YL 27

3367 YL 27

Außen fielen ein kleiner Frontspoiler aus Blech auf, wie sie Porsche und Opel kurz zuvor populär gemacht hatten, ein Heckspoiler aus Verbundwerkstoff, und vor allem die grandiosen serienmäßigen Dunlop-Leichtmetallfelgen. Mit dem teilweise schwarzen Kühlergrill, den sechs Scheinwerfern und diesen wirklich schicken Felgen machte der 1100 TI mächtig etwas her, ob mit zwei oder mit vier Türen.
Der Innenraum stand dem nicht nach: Die speziell für den TI vorgesehenen Sitze waren seitlich für mehr Halt stärker aufgepolstert. Besonders schön aber war das Armaturenbrett, auf dem das im 1100 S übermäßig verwendete Holzimitat endlich der Farbe Schwarz gewichen war. Dazu passten ein neues Sportlenkrad mit aufgeschäumtem Kranz und drei Metallspeichen und vor allem die sechs Rundinstrumente auf der Instrumententafel, darunter ein Ölmanometer, damals Ausweis eines wirklich sportlichen Autos. Dieses Interieur strahlte Klasse und Sportlichkeit aus.
Die Kirsche auf der Torte aber war der Preis, denn der 1100 TI war klugerweise nur knapp 10 Prozent teurer als der 1100 S. Zählte man die Optionspreise der im TI serienmäßigen Ausstattungen dazu (darunter eine heizbare Heckscheibe), gab es die Mehrleistung fast umsonst. Der Viertürer kostete 16.550 Francs gegenüber 14.950 Francs für den 1100 S. Und er war auch noch schneller als Peugeot 304 S, Citroën GS, Fiat 128 Rally oder Escort GT.

EXZELLENTE FAHRLEISTUNGEN

Auf der Straße enttäuschte der Wagen nicht. Der Motor war aggressiver als der des 1100 S, mit einem lauteren Auspuffton, der aber leider das Gerassel des Ventiltriebs nicht übertönen konnte, das so typisch für diesen Motor war. Die Beschleunigung war mit 34,5 Sekunden für den stehenden Kilometer ebenfalls besser und der Durchzug in den Gängen kräftig, obwohl das maximale Drehmoment erst bei höherer Drehzahl anlag. In voller Fahrt erreichte der 1100 TI dank seiner Aerodynamikhilfen mehr als 165 km/h gegenüber 157 für den S. Vor vierzig Jahren war dieser Wert für einen 1300 cm^3 aller Ehren wert.
Der Verbrauch war nicht höher als der des S – um die 10 Liter auf 100 km –, was im Juli 1973 kein Problem war, da das Benzin in Strömen floss und noch wohlfeil war. Kaum sechs Monate später sollte sich alles ändern, als die OPEC ihr Embargo verhängte und der Preis des vielerorts rationierten Benzins um 40 Prozent stieg. Simca verlegte seine Priorität auf sparsamere statt auf noch sportlichere Versionen!

Der 1100 TI in voller Beschleunigung. Trotz breiterer Reifen drehten die Vorderräder beim Anfahren gerne durch. Elektronische Fahrhilfen lagen noch in ferner Zukunft!

3367 YL 27

Aber so weit sind wir noch nicht. Der TI machte noch mehr Spaß beim Fahren als der 1100 S. Der Wagen war immer noch komfortabel (einer der Vorzüge des 1100), obwohl die Federung des TI härter abgestimmt war. Die Sitze waren eine Verbesserung, auch wenn ihre Längsverstellung für große Fahrer noch unzureichend war. Erst 1975 sollte Simca hier teilweise Abhilfe schaffen. Die verstärkten Bremsen waren sowohl wirksamer als auch resistenter gegen Fading, wozu auch die bessere Wärmeabfuhr durch die großen Löcher der Felgen beitrug.

Wie die Tugenden hatte der Wagen auch die Schwachpunkte der Familie behalten. Dazu gehörte eine recht schwergängige Lenkung, die empfindlich gegen Antriebseinflüsse war, so dass man beim schnellen Anfahren das Lenkrad gut festhalten musste. Bei sehr zügiger Fahrt zeigte auch die Vorderachse manchmal heftige Reaktionen, und das kurveninnere Rad drehte gern durch. Etwas größere Reifen als die 145 R 13 wären von Vorteil gewesen. Schließlich war die Schaltung hakelig und der Motor konnte unangenehm dröhnen.

Aber das waren kleine Inseln der Schwäche in einer See von Stärken, deren größte ein sehr gutes Verhältnis von Fahrleistungen und Ausstattung zum geforderten Preis war, dann eine sichere Straßenlage bei immer noch gutem Komfort, und der hohe Nutzwert der Heckklappe und des variablen Gepäckraums. Man kann sagen, dass der 1100 TI der beste von allen 1100 war.

Anfangs gut aufgenommen, fand der 1100 TI bald Steine auf seinem Weg: Ab Juli 1973 wurde Tempo 100 auf Landstraßen eingeführt, dann kamen die Energiekrise und mit ihr stark steigende Kraftstoffpreise, ein „vorläufiges" Tempolimit von 120 km/h auf Autobahnen und ein monatelanges Verbot von Motorsportveranstaltungen. Nicht die beste Begleitmusik für die Einführung eines sportlichen Autos!

1975 erhielt der TI wie alle Versionen des 1100 neue Heckleuchten mit Nebelschlussleuchte und, vor allem, ein stattlicheres Armaturenbrett. Insgesamt gab es sechs Rundinstrumente, vier davon paarweise übereinander angeordnet, und vor allem nach wie vor ein Ölmanometer. Für die restlichen Versionen war das neue Armaturenbrett auf jeden Fall ein Fortschritt, der 1100 TI aber verlor eine gewisse originelle Ähnlichkeit mit dem Rallye 2.

Acht Lampen vorn, wenn man die Standlichter neben den Blinkleuchten mitzählt. Nachts bot der 1100 TI mit seinen Halogenleuchten ein für die Zeit außergewöhnliches Fahrlicht.

3367 YL 27

6 LITER AUF 100 KM

1976 war mein erstes Jahr als Autotester. Den 1100 S kannte ich gut, denn mehrere meiner Freunde fuhren ihn. Die Straßenlage hatte mich ebenso verblüfft wie Komfort, Temperament und Ausstattung. Der Nähmaschinenlärm des Motors aber, besonders im Leerlauf, war mir stets zuwider. Als Peugeot den Motor für den 309 übernahm, der eigentlich ein Talbot Arizona hätte werden sollen, wurde das Problem recht einfach gelöst. Aber Chrysler hatte zu Zeiten des 1100 nie den geringen Entwicklungskostenaufwand treiben wollen, der dafür nötig war, um lieber so viel Geld aus Simca zu ziehen wie möglich.

Man muss der Entwicklungsabteilung von Simca Hochachtung zollen, dass sie bei so geringen Mitteln und so wenig Enthusiasmus auf Seiten des US-Mutterhauses derart interessante Autos zustande brachte. Der 1100 TI war nur möglich, weil das nötige Investment minimal war und so viele Teile vom Rallye 2 verwendet werden konnten, die ihrerseits aus dem 1200 S Coupé stammten, das glücklicherweise noch entwickelt worden war, bevor die Amerikaner vollends die Kontrolle in Poissy übernahmen.

1976 ging die erste Energiekrise zu Ende, aber auch wenn das Benzin jetzt nicht mehr durch die OPEC kontingentiert war wie 1973, war der Preis nunmehr mit 1,90 Francs hoch, relativ und inflationsbereinigt sogar höher als heute. Es gab Trickfilme mit einer Figur namens Gaspi (von „gaspillage" = „Verschwendung"), die im Fernsehen Benzinspartipps gaben, indem sie zeigten, was man alles am Steuer nicht tun sollte.

Ich lieh mir einen schönen 1100 TI-Testwagen, grün mit hellem Interieur, aber nicht zum Schnellfahren. Im Gegenteil, mit einem Artikel wollte ich beweisen, dass man mit einer ruhigen und gelassenen Fahrweise auch in einem sportlichen Fahrzeug geringe Verbräuche erzielen konnte. Mit leicht erhöhtem Reifendruck und der Vorstellung, ein rohes Ei unter dem Gasfuß zu haben, brachte ich den Durchschnittsverbrauch auf 6 Liter/100 km herunter, was damals sehr wenig war.

Im Übrigen schritt ich nach diesem Sparversuch zum Gegenbeweis und gab den 82 PS ordentlich die Sporen. Die Straßenlage erlaubte es, aus dem Motor alles herauszuholen. Ergebnis: 12 Liter auf 100 km! Aber das war es auch wert. Der 1100 war nicht der schönste Simca, aber er war gewiss der intelligenteste und praktischste, und als TI einer der heißesten.

Der 1100 Ti hatte einen kleinen Spoiler an der Heckklappe, um den nicht sehr günstigen Luftwiderstand der 1100-Karosserie zu verbessern.

Im Modelljahr 1974 waren die Heckleuchten noch schmale horizontale Bänder, die bald darauf durch massive Rechtecke ersetzt wurden, die das Heck mit der 1972 umgestalteten Klappe besser ausfüllten.

TECHNISCHE **DATEN**

SIMCA 1100 TI

Motor: Vierzylinder-Reihenmotor aus Leichtmetallguss, wassergekühlt
Hubraum: 1294 cm^3
Motorleistung: 82 PS bei 6000/min
Drehmoment: 110 Nm bei 3800/min
Gemischaufbereitung: Zwei Doppelvergaser 36 DCNF
Kraftübertragung: Vorderradantrieb, Vierganggetriebe
Bremsen: Scheibenbremsen vorn, Trommelbremsen hinten
Reifen: 145 x 13
Abmessungen: 3,94 x 1,588 x 1,458 m
Leergewicht: 950 kg
Höchstgeschwindigkeit: 165 km/h
Beschleunigung: 1 km mit stehendem Start 34,5 s
Baujahre (alle 1100): 1967-1981 (Limousinen) und 1985 (Nutzfahrzeuge)
Gesamtstückzahl (alle 1100): 2.064.000

Schicke Dunlop-Felgen mit breiten Löchern für die Bremsenkühlluft – und leider mit zu schmalen Reifen. Unten: Der Motor des TI hatte wieder zwei Vergaser wie die ersten 1100 S mit 1204 cm^3.

Die Heckklappe verschloss einen großen Kofferraum, aber die hohe Ladekante, über die man das Gepäck heben musste, stieß auf Kritik.

KAPITEL 5

SIMCA 1301 SPÉCIAL:

MAN LEBT NUR ZWEIMAL

DER ARONDE UND SEIN NACHFOLGER SIMCA 1301 WURDEN FAST GENAU GLEICH LANG GEBAUT; IN EINER FAST IDENTISCHEN STÜCKZAHL – UND ÄNDERTEN BEIDE WÄHREND DER BAUZEIT SEHR DEUTLICH IHREN CHARAKTER.

Alles im grünen Bereich: ein herrlicher 1301 mit Vinyldach in ländlicher Idylle. Simca folgte der Mode der Kunststoffdächer, bald nachdem GM sie mit Opel aus den USA nach Europa gebracht hatte.

Es ist kaum zu glauben, dass der 1301 schon vor mehr als einem halben Jahrhundert präsentiert wurde, wenn man ihn so durchs Objektiv von Cathys Kamera sieht. Man schrieb September 1966. Natürlich, die schlanke Form mit dem großen Glashaus passt nicht mehr zur heutigen Mode der rollenden Bunker. Aber sie sieht aus allen Blickwinkeln sachlich-sauber und zeitlos elegant aus – zumal der Kenner natürlich weiß, dass der 1301 bereits eine Weiterentwicklung des schon 1963 präsentierten 1300 ist.

ZWANZIG ZENTIMETER MEHR

Zum Modelljahr 1967 machte sich die Designabteilung mit Hilfe von Bertone daran, das Heck des 1300-1500 zu verlängern, um eine stattlichere Silhouette zu erhalten. Als das Heck 13,5 cm länger war, schien es besser, auch die Nase zu verlängern, damit die Proportionen stimmten. Die um 6,9 cm vorverlegte Stoßstange ließ Platz für eine weiter herabgezogene Motorhaube mit stärkerer Ausformung des Grills, der geneigt wurde. Die neue Form wirkte etwas aggressiver und ließ den Wagen breiter erscheinen dank um die Ecke gezogener Heckleuchten und des breiten Simca-Schriftzuges.
Warum wurde der Wagen keine vier Jahre nach dem Debüt so stark verändert? Mit 4,25 m passte er als 1300 gut ins Marktsegment, aber als 1500 schien er verglichen mit den Wettbewerbern zu klein, besonders wegen des 350 Liter großen Kofferraums. Dass dieselbe Karosserie mit zwei verschiedenen Hubräumen angeboten wurde, wie im Oktober 1963 der Simca 1300-1500, war zumindest auf dem französischen Markt neu. Die Verlängerung auf 4,45 m machte den 1301 auf einen Schlag zum größten 1300er, und der 1501 schlug sich jetzt besser gegen die Konkurrenz von Peugeot 404, Ford Taunus 17 M oder Opel Rekord 1700.
Der Simca 1301 Spécial auf den Bildern in diesem Kapitel scheint besser als neu. Didier, sein netter Besitzer, hat ihn restaurieren lassen und dafür 8500 Euro investiert, obwohl der Marktwert kaum halb so hoch ist. In der Liebe zählt man das Geld nicht, sagt das französische Sprichwort ... Das Ergebnis entspricht dem Aufwand. In das Auto einzusteigen ist wie eine Zeitreise in das Jahr 1975, als dieser 1301 Spécial des letzten Baujahres entstand.

EIN SCHICKSALHAFTES JAHR

Das Jahr 1963, als der 1300-1500 eingeführt wurde, war ein entscheidendes für die Zukunft der Marke. In diesem Jahr erhöhte Chrysler seine Beteiligung an Simca auf 63 Prozent

Das feingeschnittene Heck des 1301 verblüfft den Betrachter von heute, der an die massiven Hinterteile gewöhnt ist, mit denen moderne Autos Robustheit signalisieren wollen.

DG-453-EY

der Anteile und machte Fiat, den historischen Gründer der Marke in Frankreich, zum Minderheitsaktionär. Man betreibt keine Geschichtsfälschung, wenn man sagt, dass Chrysler Simca das Grab geschaufelt hat.
Wie bereits angedeutet, beging Henri Théodore Pigozzi einen Fehler, als er die Markteinführung des 1300-1500 (Projekt 903) aufschob, der den Aronde ablösen sollte. Er gab dem Simca 1000 die Priorität, der 1961 erschien. Trotz der Versuche, das Modell zu verjüngen, brachen die Verkäufe des P60 nach 1961 stark ein.
Seine Käufer merkten im Alltag, dass es sich nur um das x-te Restyling eines Modells handelte, das sein Debüt schon im Jahr 1951 gefeiert hatte. Im Konsumrausch dieser Jahre wechselte man oft das Auto, weil das neue immer größer und besser schien. Peugeot hatte diese Tendenz gut erkannt und führte viele seiner Kunden nach und nach vom 202 bis zum 604. Und nach ein oder zwei Aronde wollten die Simca-Kunden etwas stattlicheres, aber sicher keinen kleinen Simca 1000. Sie wanderten deshalb zu Peugeot ab, wo man ihnen bereitwillig den 404 anbot, oder zu den Importeuren, deren Verkäufe nach der Öffnung der Zollgrenzen in der EWG förmlich explodierten. Viele Aronde-Kunden mussten gar nicht weit gehen: Sie kauften einen Fiat 1300-1500 beim selben Händler, denn Simcas Händlernetz besorgte den Fiat-Vertrieb in Frankreich. Und so verlor Simca eine Menge Aronde-Fahrer, die es leid waren, auf den Nachfolger zu warten.
Dazu muss man sich erinnern, dass zum Start der Entwicklung des Aronde-Nachfolgers noch Fiat der Mehrheitseigner von Simca war. Der von Fiat dazu entsandte Oscar Montabone war Leiter der Simca-Entwicklungsabteilung. Obwohl Dante Giacosa, Fiats eigener Chefentwickler, es wünschte, wollte Fiat nicht, dass dieses Simca-Modell gemeinsam mit Fiat entwickelt wurde, wie es etwa beim Simca 1000 der Fall war. Der Schluss liegt nahe, dass Fiat bereits seinen Ausstieg bei Simca ins Auge fasste und keine Entwicklungshilfe für einen künftigen Konkurrenten seines eigenen 1300-1500 leisten wollte. Der Simca 1300-1500 wurde das erste rein französische Entwicklungsprojekt der Marke.

Gemessen an den Standards der 1,3-Liter-Klasse war der 1301 S sehr geräumig und hatte eine großzügige und gefällige Innenausstattung, wie alle Simca.

DG-453-EY

SIMCA
1301 SPECIAL
DG-453-EY

KONVENTIONELL

Die Konzeption des 1300 blieb konventionell und war der des Aronde sehr ähnlich, der stark vom Fiat 1400 beeinflusst war. Die angetriebene Hinterachse war eine Starrachse an Schraubenfedern, die zum Glück besser geraten war als die des Aronde. Vorn eingebaut war der gute alte Rush-Motor mit 1290 cm^3 und 62 SAE-PS (54 DIN-PS), wie er noch Wochen zuvor in fabrikneue Ariane und Montlhéry eingebaut worden war. Angeflanscht war ein neues Vierganggetriebe mit einer wirksamen Synchronisation, das endlich angenehm zu schalten war, zumindest verglichen mit dem des Aronde.
Die Karosserie des 1300 hatte wie schon die des Simca 1000 der freischaffende Designer Mario Revelli de Beaumont entworfen und ihr eine elegante und harmonische Form gegeben. Charakteristisch war die tiefe Gürtellinie mit entsprechend großzügigen Glasflächen, der dieser Form den von der nimmermüden Simca-Werbeabteilung ersonnenen Namen „Horizon" eintrugen.
Trotz oder wegen seiner konventionellen Machart fand der Simca 1300 den Beifall der Presse und den Zuspruch des Publikums, denn es war der einzig wirklich moderne Wagen seiner Kategorie, in der sein größter französischer Konkurrent der nicht ganz taufrische Peugeot 403-7 war. Natürlich bedauerte man, dass die Hinterachse etwas zum Trampeln neigte, dass die (vom Aronde stammenden) Trommelbremsen nicht fester zubissen und dass er keinen moderneren Motor mit etwas mehr Leistung bekommen hatte, und außerdem, dass die Verarbeitung wieder einmal typisch Simca war, das heißt etwas leichtfüßig. Aber wie alle Autos mit dem Schwalbenlogo war es ein lebhaftes, liebenswertes und vor allem hübsches, das seinen unzweifelhaften Absatzerfolg wohl verdiente.
Sechs Monate später hatte es der 1500 schon schwerer, der gegen die oben erwähnte Konkurrenz antrat. Er hatte einen ganz neuen Motor mit 1475 cm^3, der unter Leitung des exzellenten Roger Vast entstanden war. Die Konstruktion war der des Aronde recht nahe, denn er hatte weiterhin eine seitliche Nockenwelle in einem Graugussblock, auf dem offenbar Fiat bestanden hatte. Aber es war einer der stärksten Motoren seiner Klasse mit 81 SAE-PS (69 DIN-PS), und in Verbindung mit einer recht kurzen Achsübersetzung verlieh er dem 1500 glänzende Beschleunigungswerte und eine gute Höchstgeschwindigkeit (147 km/h) um den Preis eines zu hohen Geräuschpegels.
Trotz verbesserten Qualitätseindrucks war die Innenausstattung

Sowohl von vorn auch als von hinten war der 1301 S für seine Klasse ein sehr stattliches Auto. Seine tiefliegende Gürtellinie verlieh ihm beste Übersichtlichkeit und eine sehr saubere Linienführung.

DG-453-EY

immer noch zu einfach für die Kategorie, der 1500 wirkte zu mickrig und nicht komfortabel genug verglichen mit dem sofaweichen Peugeot 404, und besonders, ab 1965, mit dem Renault 16. Simca besserte nach mit einer geänderten Federung, besserer Geräuschdämmung und mit einer Ausstattungsvariante GLS, die schmucker wirkte. Auch der 1300 erhielt die Verbesserungen und 1966 obendrein die Scheibenbremsen des 1500.

BÜRGERLICHER

Die Verkaufszahlen blieben enttäuschend. So verfiel man darauf, die Karosserie zwecks höheren Statuswertes zu verlängern und die Modelle in 1301 und 1501 umzubenennen. Bei den Kunden kamen die Änderungen Ende 1966 gut an. Branchenkenner und Vertriebsleute waren vorsichtiger. Die neuen Versionen waren an den Schwachstellen Fahrwerk und Dämmung nicht verbessert worden. Trotzdem gingen die Verkaufszahlen nach der Verlängerung der Karosserie nach oben, um mit der Vorstellung des Peugeot 304 und besonders des Renault 12 Ende 1969 wieder abzusinken.

Der 1301 als verkaufsstärkere Version brauchte eine Frischzellenkur. Man ersetzte den antiken Rush-Motor durch den moderneren des 1500, dessen Hubraum man auf 1290 cm^3 senkte (Motortyp 345). Es gab ihn mit 60 oder mit 70 DIN-PS (mit zuschaltbarem Lüfter) in der Sportversion namens Spécial, analog zum 1501 Spécial, der 81 DIN-PS statt 69 leistete. DIN-PS hatten auch in Frankreich die schmeichelhafte SAE-Angabe abgelöst, die seit 1960 in Gebrauch gewesen war.

Wenn auch die 60-PS-Version 1301 LS sich nicht gut verkaufte – der Spécial verkaufte sich umso besser. Gegenüber dem alten Aronde-Motor war der Leistungszuwachs um 25 Prozent spürbar. So war der 1301 Spécial als größtes Fahrzeug der 1300er-Kategorie auch das stärkste und schnellste; er lief etwas über 150 km/h. Die Testberichte waren alle positiv, denn der Geräuschpegel, nach wie vor die Achillesferse des Modells, war durch längere Achsübersetzung gesenkt worden, die Motordrehzahl bei gleichem Tempo kleiner.

So blieben als Kritikpunkte die etwas zu straffe Federung und

Die Verlängerung der Karosserie hatte den Kofferraum deutlich anwachsen lassen, der zuvor auch wegen der Einschränkungen durch den Tankeinfüllstutzen hinter dem Nummernschild und das Reserverad als zu klein kritisiert wurde.

DG-453-EY

die Schneckenrollenlenkung, leichtgängig, aber unpräzise. Die Form war noch immer zeitgemäß, der Innenraum ohnehin verjüngt dank eines Armaturenbretts, das mit sportlicher wirkenden Rundinstrumenten auf einem (auffallend unechten) Holzimitatträger ausgestattet war – künstliches Holz war in jenen Jahren in allen Simca überreich vorhanden. Weitere zwei Jahre später erhielt der 1301 Spécial den aggressiveren Kühlergrill des 1501 Spécial mit den integrierten rechteckigen H4-Fernscheinwerfern und auf Wunsch ein Vinyldach.

NEUER START 1970

Die Verjüngungskur ließ die Produktion wieder anziehen, von 43.771 gebauten Exemplaren 1969 auf 75.732 in 1970 und sogar 90.518 im Jahr 1971 und fast genauso viele 1972 und 1973. Obwohl zehn Jahre alt, kam das Auto immer noch gut beim Publikum an, auch wenn seine veraltete Konzeption im Vergleich mit jüngeren Konkurrenten immer mehr auffiel.
Im Juli 1975 hatte ich als frischgebackener Presse-Autotester die Gelegenheit, an einem Tag fast 1000 Kilometer am Steuer eines 1301 Spécial zurückzulegen. Es war immer noch ein ansehnliches Auto. Die Fahrleistungen waren zeitgemäß dank der 67 PS (der Motor hatte per Abgasentgiftung drei PS verloren), und die Übersichtlichkeit außergewöhnlich. Es stimmt, dass das Geräuschniveau besonders auf der Autobahn zu hoch lag und auf schlechtem Asphalt die Hinterachsfederung nicht immer Herr der Lage war. Aber nichts davon war abschreckend, zumal der Preis sehr attraktiv war. Mein Testbericht erschien allerdings nie, denn von einem auf den anderen Tag verkündete der Hersteller, dass die Produktion eingestellt werde, obwohl die Verkäufe noch ganz gut liefen.
Simca-Chrysler brauchte den Platz in Poissy dringend für den Nachfolger 1307-1308. So verabschiedete sich der 1301-1501 nach 1.342.984 Exemplaren, immer noch gut in Form und mit wunderbarerweise fast faltenfreiem Gesicht. Und mehr als vierzig Jahre später wirkt er immer noch erstaunlich jugendlich. Von manchen seiner zeitgenössischen französischen Konkurrenten lässt sich das nicht behaupten.

Ab 1972 sorgte der Kühlergrill des 1501 S mit den integrierten Halogen-Fernscheinwerfern (vom 1100 S) für einen noch schöneren bösen Blick, überwölbt von einer breiteren Motorhaubenkante.

Die Mittelkonsole, mit dem gleichen Kunstholz verkleidet wie das Armaturenbrett, konnte die fehlenden Türtaschen nicht richtig ersetzen.

SIMCA 1301

Motor: Vierzylinder-Reihenmotor, wassergekühlt, vorn längs eingebaut
Hubraum: 1290 cm^3
Motorleistung: 70 PS bei 5400/min
Drehmoment: 94 Nm bei 2400/min
Gemischaufbereitung: Fallstrom-Doppelvergaser
Kraftübertragung: Hinterradantrieb, Vierganggetriebe
Bremsen: Scheibenbremsen vorn, Trommelbremsen hinten
Reifen: 155 x 13
Abmessungen: 4,45 x 1,58 x 1,35 m
Leergewicht: 1015 kg
Höchstgeschwindigkeit: 150 km/h
Beschleunigung: 1 km mit stehendem Start 37,5 s
Baujahre: 1963-1975
Gesamtstückzahl (alle 1300-1501): 1.342.984

1970 tauschte der 1301 den greisen Rush-Motor, der auf den des Fiat 1100 aus den 1930er Jahren zurückging, gegen eine hubraumreduzierte Ausführung der moderneren Maschine des 1500, die 16 PS mehr leistete.

Ab 1971 war am 1301 nicht mehr der breit gesetzte, über den ganzen Kofferdeckel gehende Schriftzug angebracht, sondern eine dezente zweifarbige Plakette. Die um die Ecke reichenden Heckleuchten ließen den Wagen von hinten breiter erscheinen.

KAPITEL 6

MATRA BAGHEERA: DAS BESTE ZWEIER WELTEN

NACH FAST 115.000 GEBAUTEN FAHRZEUGEN AUF BASIS DES SIMCA 1100 DARF MATRA IN EINER AUSWAHL DER SCHÖNSTEN SIMCA-MODELLE NICHT FEHLEN. WIR HABEN DEN BAGHEERA AUSGESUCHT, DAS ERSTE MODELL, DAS DIESER INTELLIGENTEN ZUSAMMENARBEIT ZWISCHEN ZWEI ZU FRÜH VERSCHWUNDENEN AUTOMARKEN ENTSPRANG.

Vor mehr als 40 Jahren zog ein Bagheera allgemein neidische Blicke auf sich. Zwar stieg Matra 1974 aus dem Rennsport aus, aber dem sportlichen Image tat das keinen Abbruch.

Der Kooperationsvertrag zwischen Simca und Matra im Dezember 1969 war für beide französischen Marken richtungweisend. Matra kam so zu einer Teilequelle für Großserienmodelle und vor allem zu einem Händlernetz mit Vertrieb, Wartung und Reparatur – der 530 war vor allem daran gescheitert, dass Matra so etwas nicht hatte. Simca erhielt einen außergewöhnlichen und zu diesem Zeitpunkt hochwillkommenen Imagetransfer, der dem Effekt der erstickenden Präsenz von Chrysler entgegenwirkte. Dank Matra schwangen im Namen Simca plötzlich Rennsiege in der Formel 1 und in Le Mans mit, und der Klang des Matra-V12 lieferte die Hintergrundmusik. Eine Musik, die durchaus passend war – denn durch einen erstaunlichen Zufall waren es Motorenentwickler von Simca gewesen, die den Matra-Rennmotor konstruiert hatten!

ABGELEITET AUS DEM 1100 TI

Vom Misserfolg des 530 gewarnt, wollte Matra Anfang 1970 bei der Konzeption des 550 nicht noch einmal den gleichen Fehler machen. Matra wusste jetzt, dass ein reiner Zweisitzer wie der Djet keine großen Marktchancen hatte und dass ein 2+2-Sitzer wie der 530 einen zu langen Innenraum erforderte, wenn man dem Mittelmotorkonzept treu bleiben wollte. Das aber war gesetzt, denn es schuf eine Verbindung zu den Sporterfolgen. Der originelle Vorschlag mit den drei Vordersitzen kam von Philippe Guédon. Nicht jeder war davon überzeugt, aber von allen Lösungen war es die am wenigsten schlechte.

Der 550, später auf den Namen Bagheera getauft, wurde aus dem Simca 1100 entwickelt, dessen quer eingebauter Antrieb einfach nur auf die hintere Achse geschoben und etwas höher gelegt werden musste. Eine genial einfache Operation, die eine Menge Entwicklungs- und Herstellungskosten sparte. Der Bagheera verwendete so viele Baugruppen des 1100 wie möglich: die Vorderradaufhängung mit der Torsionsstabfederung, den Antriebsstrang samt Motor des TI, der im Juli 1973 aus dem des 1200 S Coupé und des Rallye 2 entwickelt wurde, außerdem auch die Bremsen, die Lenkung und zahlreiche Elektroaggregate sowie Heizung und Lüftung. Die neue Einbaulage des Motors erforderte eine neue Hinterradaufhängung mit gezogenen Dreieckslenkern. Befestigt wurde das alles an einer selbsttragenden Stahlstruktur, die leider nicht korrosionsgeschützt war, was ihr später den Beinamen „Dessousspitze aus Romorantin" einbrachte. Zum Glück war sie bedeutend steifer als die des 530. Für

Massiver, dicker, stattlicher aber auch schwerer und weniger strömungsgünstig als die erste Version von Juni 1973 war der Bagheera Phase II.

DL-918-SF

das Design der Karosserie, die wieder aus glasfaserverstärktem Polyesterharz hergestellt wurde, wurden Jacques Nocher zwei weitere Designer zur Seite gestellt, denn sein Entwurf des 530 war etwas zu schräg ausgefallen und hatte Anlass zu Diskussionen gegeben. Der Entwurf des Teams wurde nicht nur individuell genug, sondern auch durchaus gefällig.

SCHLANGESTEHEN FÜR DIE PROBEFAHRT

Heute kann man sich kaum noch vorstellen, welch formidablen Zuspruch das Coupé nach seiner Vorstellung im Juni 1973 erfuhr. Als die ersten gelben Vorführwagen im Juli zu den Händlern kamen, hatte Matra-Simca gerade eben wieder die 24 Stunden von Le Mans gewonnen. Die Leute standen Schlange, um eine Probefahrt machen zu können.
Auch ich stellte mich hinten an, aber von selbst fahren war nicht die Rede. Man setzte sich jeweils zu zweien neben den jungen Simca-Verkäufer, der uns dann eine Runde um den Block fuhr und nach ein paar Minuten wieder zum Geschäft zurückkehrte. Er beendete die Vorstellung mit dem Öffnen der großen Heckscheibe, die zugleich die Kofferraumklappe bildete. Die Menschentraube stand mit offenen Mündern gebannt darum herum. Und nicht ohne Grund! Denn es war das erste Mal, dass wir sahen, wie eine Heckklappe sich ganz von allein sanft durch die magische Wirkung zweier Gasdruckaufsteller erhob.
Der Simca-Verkaufsberater (man sagte damals noch „Repräsentant") verwies stolz auf den trotz hinten eingebauten Motors mit 260 Litern erstaunlich großen Kofferraum, überging aber schweigend die winzige Klappe, die für Wartungs- und Reparaturarbeiten am miserabel zugänglichen Motor vorgesehen war.

AUSSERGEWÖHNLICHE QUALITÄTEN

Dem Bagheera fehlte es nicht an Qualitäten und Attraktivität, etwa durch den günstigen Preis von 25.990 Francs im höheren Ausstattungsniveau II (mit Alufelgen serienmäßig). Für diesen Preis bot er eine verführerische Silhouette, die beeindruckende – durch die drei Vordersitze erforderliche – Breite

Ein kleines, aufgeschäumtes (klebriges!) und unten abgeflachtes Lenkrad, eine große Hutze über ovalen Instrumenten: Der Bagheera war betont modern gestaltet, um sich von anderen Sportcoupés seiner Zeit zu unterscheiden.

bagheera X
DL-918-SF

DL-918-SF

von 1,73 Metern und einen magischen Namen, der nach den 24 Stunden von Le Mans duftete. Darüber hinaus bot er exzellente Straßenlage dank des Mittelmotors und förmlich an der Straße klebender Radaufhängungen, eine Menge Fahrspaß, hervorragende Bremsen und einen Komfort, der für einen Sportwagen verblüffend war.

Auch das Raumangebot war für einen oder zwei Insassen sehr großzügig, ausgenommen die Kopffreiheit. Und schließlich sorgte der relativ kleine Motor für eine sehr günstige steuerliche Einstufung, die auf dem französischen Markt der Indikator für die Unterhaltskosten ist.

Natürlich war er nicht perfekt. Vor allem bedauerte man, dass der kleine 1300er aus dem 1100 TI nur 84 PS und wenig Drehmoment hatte, und dass die handwerkliche Herstellungsweise sich in einem nicht gerade überragenden Qualitätseindruck niederschlug. Die hervorragenden Fahreigenschaften hätten bessere Fahrleistungen als die 182 km/h Spitze und den stehenden Kilometer in 33,5 Sekunden vertragen.

Diese Werte waren überdies die sorgfältig für die Presse präparierter Testwagen, auf deren Vorbereitung Matra-Konzernchef Jean-Luc Lagardère bestanden hatte. Die Kundenfahrzeuge mussten sich im Mittel mit 175 km/h bescheiden! In dieser Preisklasse, nach heutigem Geld geschätzt 35.000 bis 40.000 Euro, hießen die Konkurrenten Ford Capri 2300, Renault 17 TS, Alfa 2000 GTV und Fiat 124 Sport 1800 oder Fiat X1/9. Aber kaum einer war so modern oder hatte solche Fahreigenschaften, sie kompensierten dies zum Teil durch stärkere Motoren, die mehr verbrauchten.

Der Bagheera wurde täglich in fünfzig Exemplaren gebaut gegenüber täglich zehn Stück, die vom 530 entstanden waren, und war ein echter Verkaufserfolg trotz der Energiekrise, die 1974 die Sportwagenverkäufe hart traf. 11.264 Bagheera liefen in diesem Krisenjahr in Romorantin vom Band. Der Verbrauch war dank des kleinen Motors und des günstigen Luftwiderstandes (c_W=0,33) mit nur acht bis elf Litern auf 100 km sehr günstig für einen Sportwagen. Das war ein wichtiges Argument zu einem Zeitpunkt, als die gesamte Zukunft des Automobils plötzlich in Frage stand.

EIN STÄRKERER MOTOR

Als Simca den 1440-cm³-Motor für den künftigen 1308 ankündigte, profitierte auch der Bagheera davon und behielt die Zweivergaser-Konfiguration bei. Die 1975 präsentierte S-Version leistete 90 PS und bot jetzt auch in Kundenhand die Fahrleistungen, die in der Urversion nur die Pressefahrzeuge geschafft hatten. Das maximale Drehmoment war nicht nur höher, es lag vor allem 1000 Umdrehungen pro Minute früher an. Der Bagheera S war im Alltag viel angenehmer zu fahren, wenn auch immer noch keine Granate.

Der normale Bagheera erhielt den Motor ein paar Monate später, aber wie im 1308 mit einem einzigen Vergaser (84 PS), und konnte nur dank sehr langer Getriebeübersetzungen die begehrte Steuerklasse 7 CV behalten, was seinem Temperament nicht guttat. Französische Steuer-PS errechneten sich aus dem Hubraum und der Getriebeübersetzung nach einer Formel, die beste Mathematikkenntnisse erforderte.

Das Modelljahr 1977 erhielt umfangreiche Designänderungen vorn und hinten (Rückleuchten des 1308) mit massiveren Stoßfängern, was die Länge auf mehr als vier Meter wachsen ließ. Ein verlängertes hinteres Seitenfenster in einem leicht geänderten Dach verbesserte die bisher miese Sicht nach schräg hinten. Formal ließen die Änderungen den Wagen wieder moderner erscheinen, aber mit 80 kg Mehrgewicht und einem auf 0,35 gestiegenen Luftwiderstandsbeiwert waren sie funktional eine Verschlechterung.

Links: Die Phase II hatte die geriffelten Rückleuchten des 1308, zwischen denen ein roter Rückstrahler mit Schriftzug angebracht war. Rechts: Die Klappscheinwerfer trugen zur für die Zeit hervorragenden Aerodynamik bei.

MATRA-SIMCA
DL-918-SF

Da ich alle Versionen gefahren habe, kann ich sagen, dass der Bagheera S von 1976 die lebhafteste Version der ganzen Familie ist, denn er hat das geringere Gewicht, die kurze Getriebeübersetzung und die bessere Aerodynamik. Die komfortabelste ist die luxuriös ausgestattete Version X, äußerlich an den Stoßfängerhörnern und dem Heckscheibenwischer zu erkennen. Das vermochte die Verkaufskurve aber auch nicht mehr zu heben. Mittlerweile wurden weniger als 7000 Stück pro Jahr verkauft. Matra arbeitete schon am Nachfolger, der Murena heißen sollte. Nach 47.796 Exemplaren, davon 22.319 Phase II, trat der Bagheera 1980 ab.

EIGENE ER-FAHRUNGEN

Als das kleine Coupé auf den Markt kam, war ich noch kein professioneller Autotester, aber im November 1978 als solcher zur Stelle, um einen herrlichen Bagheera X für die Zeitschrift *Slick* zu testen. Einige Monate zuvor hatte eine kaum 15 Minuten lange Fahrt in einem Bagheera S nur zur Wahrnehmung der erstaunlichen Sitz- oder besser Liegeposition, des kleinen Lenkrads mit dem abgeflachten Kranz, der sehr genauen Lenkung und des dumpfen Grollens des 1440-cm^3-Motors gereicht.
Nun also endlich ein ausgiebiger Test. Am Steuer eines Autos aus dem Talbot-Pressefuhrpark, dessen Faltschiebedach ich wegen ungewöhnlich schönen Wetters weidlich ausnutzen konnte, legte ich, wenn ich mich recht entsinne, mehr als 2000 Kilometer zurück. Erneut war ich begeistert vom Komfort, der Straßenlage, der Handlichkeit, der sehr direkten Lenkung und auch der Form, selbst wenn mir die der Phase I besser gefallen hatte. Weniger schön fand ich die lange Getriebeübersetzung, unter der die Beschleunigung

Beim Phase II waren die B-Säulen entfallen, um die Sicht zur Seite aus dem Bagheera zu verbessern – sie blieb verbesserungswürdig.

litt und die beim Anfahren zum endlosen Kupplungsschleifen zwang, die schlechte Ablesbarkeit der Instrumente hinter ihrer nicht spiegelfreien Abdeckscheibe, die fehlende Kopffreiheit für Leute meiner Größe. Es war nach wie vor ein aufregendes Auto, dem man mehr Motorleistung gewünscht hätte, vor allem im Wettbewerb mit einer sich ständig entwickelnden Konkurrenz. Dieser Mangel wurde durch die bescheidenen Verbrauchswerte ausgeglichen, die in der Praxis um zehn Liter auf 100 km lagen – für einen Sportwagen vor mehr als 35 Jahren war das sehr günstig.

1994 konnte ich für zwei Oldtimerzeitschriften mehrere Bagheera fahren, darunter einen 1500 S von 1976 und einen sehr schönen Jubilé von 1979 mit weniger als 40.000 Kilometern Laufleistung, der dem netten Roger Charbonnel gehörte, der bei Matra in der Fahrerprobung arbeitete. Er muss der beste Bagheera-Kenner des Planeten sein, denn er hat zehntausende Kilometer in mehreren Ländern in allen Klimazonen der Erde am Steuer dieser Wagen zurückgelegt. Er hat auch stärker motorisierte Prototypen gefahren, besonders eine interessante Version mit zwei 40-mm-Weber-Doppelvergasern, die rund 100 PS leistete und leider nicht in Serie ging. Schade, denn ich erinnere mich an eine Runde als Beifahrer in diesem Prototypen auf dem Rundkurs von Charade, beim großen Finale des Simca Racing Team 1978. Georges Martin, der Vater des Matra-V12, entwickelte sogar eine Sechzehnventil-Version des Motors. Aber wie der andere wurde auch dieser Motor nicht von der Matra-Direktion weiterverfolgt, weil die Stückzahl ab 1978 zu klein wurde.

Und weil von Roger Charbonnel gerade die Rede war: Er war wie immer zur Stelle, um uns einen herrlichen Bagheera X zu leihen, der dieses Kapitel illustriert. Diesen Wagen hat er von oben bis unten neu hergerichtet und dabei ein kleines Vermögen ausgegeben. Aber seine Liebe für Matra im Allgemeinen und den Bagheera im Besonderen ist so groß, dass er das Geld nicht zählt. Dieser Wagen ist neuer als neu. Einen Bagheera zu fahren, ist immer ein Moment höchsten Genusses, denn dieses Auto klebt förmlich an der Straße und schluckt die Kurven ohne zu kauen. Umso mehr bedauert man, dass es nur vier Gänge hat, eine elend lange Achsübersetzung, und ganz einfach zu wenig Motorleistung. All das fehlt ihm, was der Murena später haben sollte – nur leider zu spät, denn da rollte die GTI-Welle längst. Als sie ihre Schicksale miteinander verbanden, haben Matra und Simca ihr gemeinsames Unglück genährt: die einen durch mangelnden Ehrgeiz, die anderen durch mangelnden Willen. Ärgerlich.

Roger Charbonnel war bei Matra in der Fahrerprobung. Er hat zehntausende Kilometer in Bagheeras zurückgelegt und den Bagheera X auf diesen Seiten vollständig restauriert.

Die Heckscheibe als Kofferraumklappe, die an Gasdruckaufstellern automatisch hochklappte, war 1973 eine echte Neuheit. Der Kofferraum war zwar recht geräumig, aber für den Transport von Butter nicht geeignet!

MATRA BAGHEERA

Motor: Vierzylinder-Reihenmotor, wassergekühlt, quer vor der Hinterachse eingebaut
Hubraum: 1442 cm^3
Motorleistung: 90 PS bei 5800/min
Drehmoment: 124 Nm bei 3200/min
Gemischaufbereitung: zwei Doppelvergaser
Kraftübertragung: Hinterradantrieb, Vierganggetriebe
Bremsen: Scheibenbremsen vorn und hinten
Reifen: 155 x 13 vorn, 185 x 13 hinten
Abmessungen: 4,01 x 1,73 x 1,22 m (Phase II)
Leergewicht: 1000 kg
Höchstgeschwindigkeit: 179 km/h
Beschleunigung: 1 km mit stehendem Start 33,9 s
Baujahre: 1973-1980
Gesamtstückzahl: 47.796

Die berühmten drei Vordersitze waren eine Idee des findigen Philippe Guédon und erforderten eine 1973 ungewöhnliche Breite von 1,73 m. Das sehr angenehme Faltschiebedach gab es auf Wunsch!

Ganz oben: Unter der vorderen Haube nahmen schon der Kühler, das Reserverad und der Bremskraftverstärker eine Menge Platz ein. Darunter: Die Instrumente waren unter der spiegelnden Abdeckung trotz der orangefarbenen Skalen nicht gut ablesbar.

KAPITEL 7

1308 GT: DER BESTE SIMCA

MIT DEM 1308 GELANG SIMCA EIN GLANZSTÜCK. KOMFORTABEL, FAHRSICHER, GUT AUSGESTATTET UND MIT GUTEN FAHRLEISTUNGEN HATTE ER DEN TITEL „AUTO DES JAHRES 1976“ REDLICH VERDIENT, DEN ER ALS ERSTER SIMCA GEWANN.

Als der 1308 im Juli 1975 vorgestellt wurde, war der Erfolg so groß, dass es schnell zu Lieferfristen von mehreren Monaten kam. Poissy musste seine Belegschaft verdoppeln, um Tag und Nacht zu produzieren – leider nicht immer mit der gebotenen Sorgfalt.

Ich kann mich erinnern, vom Test des Simca 1308 GT wirklich begeistert gewesen zu sein. Tausend Kilometer mit meiner kleinen Familie hatten mir Gelegenheit gegeben, die Sicherheitsreserven seiner Straßenlage, den wohligen Komfort, die guten Fahrleistungen, den gemütlichen Innenraum und die komplette Ausstattung mit solchen Dingen wie Scheinwerferwaschanlage und getönten, elektrisch versenkbaren Seitenscheiben voll auszukosten. Es gab nichts zu meckern, selbst wenn ich kein Fan der zu wuchtigen Stoßfänger und der beige-braunen Farben des Innenraumes war, die mir nicht gediegen genug erschienen.
Der Simca 1308 war sehr gelungen, und den Autokäufern war es nicht entgangen, denn sie bestellten den 1308 so zahlreich (28.000 Bestellungen im ersten Monat), dass die Lieferfristen schnell anwuchsen und Poissy eine Nachtschicht einführen musste, um die Tagesproduktion so schnell wie möglich auf 1200 Einheiten hochzufahren. In Poissy ging es zu wie in einem Bienenstock! Das neue Modell rettete Simca vorläufig, als das Unternehmen schon in einem gefährlichen Fahrwasser trieb. Mit den veralteten Modellen 1000 und 1301 hatte die Marke die Ölkrise 1974 nicht so gut weggesteckt wie andere Konkurrenten und den Ausstoß stark verringern müssen, den nur die sparsameren Versionen des 1100 stützen konnten.

EINE ART SUPER-SIMCA 1100

Der Fehlschlag des Modells 180, das Chrysler durchgesetzt hatte, verschaffte Simca-Poissy mehr Ellbogenfreiheit gegenüber dem US-Mutterhaus, als es an die Entwicklung des Projekts C6 ging, wie der Nachfolger des 1301-1501 intern hieß. Während die Karosserie mit dem Schrägheck vom Designzentrum von Chrysler in England entworfen wurde (Leitung Royden Axe, Designentwurf Keith Cockell), wurde die ganze Mechanik in Frankreich von der Simca-Entwicklungsabteilung konzipiert.
Man kann behaupten, der Simca 1308 sei einfach ein dicker Simca 1100, denn er übernahm dessen Architektur und sparte so eine Menge Entwicklungskosten gegenüber dem ursprünglichen Projekt von Chrysler, das ein größeres Auto mit mehr Hubraum hätte werden sollen. Der einzige große Unterschied zum 1100 lag bei der Hinterachse, die statt der Torsionsstäbe Schraubenfedern hatte, die aber gleichwertigen Komfort boten. War die Form auch nicht so elegant wie die des 1301, so war sie mit großer Heckklappe und variablem Innenraum viel praktischer. Die 1307-Versionen

Der 1308 hatte eine klare Silhouette mit großen Fensterflächen, wie es die Käufer in den siebziger Jahren schätzten und als Zeichen von Modernität und Sicherheit betrachteten. Wie sich die Zeiten ändern …

hatten den bewährten 1294-cm³-Motor, während der 1308 GT eine neue Variante des Motors hatte, die auf 1440 cm³ aufgebohrt war. Der Motor ging im Kern auf den des Simca 1000 zurück und konnte mit seiner seitlich liegenden Nockenwelle selbst 1975 nicht mehr als sehr modern gelten. Nur die Transistorzündung war wirklich neu. Ohne den Erfolg schmälern zu wollen, muss man anmerken, dass der Zeitpunkt für die Einführung des Simca 1308 mit dem Chrysler-Pentastar auf dem Kühler ideal war. In seiner Klasse hatte er es mit einem Renault 16 zu tun, dessen Konzept er sehr nahe kam, der aber zwölf Jahre alt war – sehr gut für Whisky, aber nicht für Automodelle. Der Simca konnte ihm mit der Frechheit der Jugend begegnen. Anderen Wettbewerbern wie Citroën GS und Renault 12 fehlte der praktische variable Innenraum.
Von den drei angebotenen Versionen war die mittlere, der 1307 S, die meistverkaufte. Sie fand den Vorzug vieler Käufer durch die günstigen Steuer-PS (7 CV), ein Verdienst des 1294 cm³-Motors mit zwei Vergasern und 82 PS, der aus dem 1100 TI stammte. Er bot fast identische Fahrleistungen (Spitze 163 km/h) wie der 1308 GT (mit 8 Steuer-PS), dessen 85 reale PS mit mehr Elastizität und Laufruhe einhergingen. Der GLS mit 68 PS war das Einstiegsmodell mit abgemagerter Ausstattung zu einem Preis, der auf den Renault 12 TL oder den GS Club abzielte.

EINE HALBE MILLION IN ZWEI JAHREN!

Die verdiente Auszeichnung als Auto des Jahres, gefolgt von weiteren europäischen Preisen, förderte den Absatz nochmals. Um 1976 tatsächlich 244.000 Einheiten produzieren zu können, musste Poissy die Belegschaft verdoppeln, das Werk vergrößern und den Wagen auch in Ryton in Großbritannien produzieren, wo er als Chrysler Alpine verkauft wurde. Fünfzehn Monate nach der Vorstellung lief das 250.000. Exemplar vom Band. Am 18. November 1978 machte der 1308 die halbe Million voll!
Chrysler US machte seinerzeit große Verluste. Der Erfolg des 1308 war hochwillkommen, um Schulden bezahlen zu können. Modellpflegemaßnahmen beschränkten sich aber auf

Weiche Sitzbank, großes Raumangebot: der 1307/1308 brachte seine Fondpassagiere komfortabel unter, wozu auch die gut abgestimmte Hinterachsfederung beitrug.

900 CEN 75

900 CE

Kosmetik, denn technische Weiterentwicklungen wären zu teuer gewesen. Simca peilte trotzdem die Produktion eines Fünfganggetriebes in La Rochelle an. Es kam aber niemals dazu. Dafür gab es eine Ausstattungsvariante „Super Luxe" mit Alufelgen, deren Design hübscher war als die zu billig geratenen Plastikradkappen, und deren Metalliclackierung den Wagen stattlicher machte. Ihr folgte der 1309 SX, der reicher ausgestattet war, mit Servolenkung, einem Tempomaten (dem ersten in einem französischen Auto), einem auf nunmehr 1600 cm^3 aufgebohrten Motor und einem – leider nicht sehr zuverlässigen – Automatikgetriebe.
Eine neue Steuerformel, die den Hubraum nicht mehr berücksichtigte, veranlasste Simca dazu, den 1440-cm^3-Motor in den 1307 S einzubauen. Der noch opulenter ausgestattete 1308 Jubilé hatte in Wagenfarbe eingefärbte Stoßfänger, was einen echten Fortschritt in Sachen Eleganz bedeutete und den Wagen schlanker erscheinen ließ. Aber nach 273.000 Einheiten im Jahr 1977 sank die Produktion unaufhaltsam auf 183.430 im Jahr 1979. Was war passiert?
Der im September 1977 eingeführte Horizon war sehr nah am 1307. Zu nah, wie sich zeigte, denn statt die bisherigen Käufer des 1100 einzusammeln, kannibalisierte er die Verkäufe des 1307. Chrysler kämpfte indes mit unüberwindlichen finanziellen Schwierigkeiten und bot seine europäischen Filialen in Frankreich, Spanien und England zum Kauf an. Es war nicht der richtige Zeitpunkt, in die Weiterentwicklung des 1308 zu investieren, der mit neuen Konkurrenten in Form von Renault 14 und 18, Peugeot 305, Citroën GSA und weiteren neuen Modellen aus ganz Europa kämpfte.
Wie man weiß, kaufte 1978 PSA die europäischen Filialen von Chrysler und beschloss im Juli 1979, den nach ihrer Einschätzung unter schlechter Presse leidenden Namen Simca durch Talbot zu ersetzen. Diese französische Marke englischen Ursprungs war Ende 1958 von Simca gekauft worden in der Absicht, ab 1964 einen Oberklasse-Simca so zu nennen.

VOM 1308 ZUM 1510

1980 änderte sich aber nicht nur der Markenname, sondern auch die Modellbezeichnung der Simca 1308 GT, die nun 1510 hießen. Ihr Kühlergesicht war nun leicht nach hinten

Der 1308 GT hatte wie auch der 1307 S sechs Instrumente auf dem Armaturenbrett, darunter auch ein sonst eher seltenes Ölmanometer. Auf der „Sicherheitsnabe" des Lenkrades erkennt man den Chrysler-Pentastar.

900 CEN

SIMCA

statt nach vorn geneigt, das Profil war insgesamt aerodynamisch günstiger mit einem c_W-Wert von 0,39 statt 0,41, und man merkte es an leicht gesunkenen Verbräuchen.
Eine neue Version namens SX, angetrieben vom 1600-cm^3-Motor mit 88 PS des 1309 SX, erhielt endlich das so schmerzlich vermisste Fünfganggetriebe. Aber es war nicht das lang erwartete Simca-Getriebe, sondern das von PSA, das Anfang der siebziger Jahre von Citroën und Fiat gemeinsam entwickelt worden war und nun in der gesamten Palette von Peugeot und Citroën verbaut wurde. Der luxuriöse 1510 SX beseitigte praktisch alle Nachteile des 1308 mit seinem größeren, leiseren Motor, weniger schwergängiger und angenehm präziserer Lenkung, exakterer Schaltung und nochmals verbesserter Ausstattung.
Ab April 1980 wurde er geschickt auch in einer um 15 cm längeren Stufenheck-Version angeboten. Das Modell wurde Solara getauft und war formal sehr gut gelungen. Es belebte den Absatz, aber die Fusion der Händlernetze von Peugeot und Talbot erwies ihm einen Bärendienst. Die gekündigten Talbot-Händler wurden mit Handkuss von Volkswagen eingesammelt, die ihre Marktabdeckung in Frankreich so deutlich ausdehnen konnten.
Die Peugeot-Händler wiederum nahmen die Marke Talbot, zuvor ein bis aufs Messer bekämpfter Konkurrent, nur ungern in ihre Ausstellungsräume auf. Es erscheint plausibel, dass sie sich keine Mühe gaben, einen Talbot zu verkaufen, wenn sie stattdessen einen Peugeot verkaufen konnten. Dennoch überlebte der Solara bis zur Einstellung der Marke Talbot 1986, auch dank einiger Sonderserien, die einen gewissen Charme hatten, besonders des prächtigen Executive oder des hinreißenden zweifarbigen Pullman. Mein Beruf als

Die Anhängerkupplung auf diesen Bildern ist ein Ehrenzeichen für Besitzer Didier: Er fährt seinen 1308 GT, der 115.000 km auf dem Zähler hat, täglich. Manchmal zieht er seine anderen Simca damit auf dem Hänger, darunter einen sehr seltenen englischen Talbot Sunbeam 1510 mit Alpine-Emblem.

Autojournalist erlaubte es mir, viele 1308 und 1510 zu testen und tausende von Kilometern damit zu fahren. Ich wurde von diesen Autos nie enttäuscht, egal ob es ein wackerer Basis-1510 mit dem kleinen 1300er mit 68 PS war, oder das Spitzenmodell Solara SX. Letzteres war natürlich mit dem elastischen und deutlich leiseren 1600-cm^3-Motor, dem so lang ersehnten Fünfganggetriebe und der etwas zu nervösen, aber vor allem im Stadtverkehr sehr leichtgängigen Servolenkung viel angenehmer zu fahren. Mit dunkleren Innenraumfarben hatte der seriösere 1510 den etwas schrillen Charme der ersten 1308 GT abgelegt.

Fünf Jahre nach dem Debüt des 1308 – eine Ewigkeit in der Autobranche – war der Solara Anfang der Achtziger noch immer auf der Höhe der Zeit, sowohl im Design als auch technisch. Aber er geriet in die Abwärtsspirale der Talbot-Endzeit, in der die Verkäufe von jährlich 600.000 Autos weltweit (inklusive der Montage von CKD-Bausätzen) im Jahr 1978 auf nur noch die Hälfte im Jahr 1981 zurückgingen, also binnen dreier Jahre! Ein Absturz, dem man der missglückten Fusion zuschreiben kann, dem Mangel an Investitionen durch Chrysler, dem fehlenden Willen von PSA, denen selbst finanziell der Atem ausging, und auch den unendlichen Konflikten mit den Gewerkschaften im Werk Poissy, besonders mit der CGT. Die Simca-Talbot 1308-1510 sind viel zu früh von den Straßen verschwunden, oft als Opfer von Korrosionsproblemen, die mitunter billigend in Kauf genommen wurden, indem man die Karosserien absichtlich nicht im Kataphoresebad grundierte, um mehr Fahrzeuge bauen zu können. Schade. Aber zum Glück blieben einige erhalten, so wie der von Didier, der auf der Rétromobile 2016 den Stand des Club Simca zierte. Aus diesem Grund ist es auch Didiers 1308 GT, den er täglich in der Stadt und über Land fährt, der die Seiten dieses Kapitels über einen der besten Simca der Markengeschichte ziert.

Der Simca 1308 GT von Didier Sourmais aus dem Baujahr 1979 trägt die optional angebotenen Alufelgen, die das Auto gegenüber der Serienausstattung mit den grässlichen schwarzen Plastik-Radkappen deutlich aufwerten.

Der 1308 hatte vorn ein Chrysler- und hinten ein Simca-Emblem. Treue Kunden der Marke durften sich fragen, was für ein Auto sie nun eigentlich fuhren.

SIMCA 1308 GT

Motor: Vierzylinder-Reihenmotor, wassergekühlt, vorn quer eingebaut
Hubraum: 1442 cm^3
Motorleistung: 85 PS bei 5600/min
Drehmoment: 125 Nm bei 3000/min
Gemischaufbereitung: ein Doppelvergaser
Kraftübertragung: Vorderradantrieb, Vierganggetriebe
Bremsen: Scheibenbremsen vorn, Trommelbremsen hinten
Reifen: 165 x 13 vorn und hinten
Abmessungen: 4,25 x 1,68 x 1,40 m
Leergewicht: 1050 kg
Höchstgeschwindigkeit: 163 km/h
Beschleunigung: 1 km mit stehendem Start 35,9 s
Baujahre: 1975-1985
Gesamtstückzahl: 1.552.000 (1308-1510 inklusive Solara)

Der 1308 GT bot für 1975 unerhört viel Serienausstattung, mit getönten elektrischen Fenstern, Scheinwerferreinigungsanlage, Ölmanometer und Türlautsprechern. Im Vergleich mit Renault konnte sich die Qualität der Innenausstattung sehen lassen.

Die Heckklappe erschloss ein großes Gepäckabteil, dessen nutzbares Volumen sich durch Vorklappen der komfortablen Rückbanklehne erweitern ließ.

Schauen Sie sich bei der Konkurrenz um.
Schauen Sie sich bei uns um.
Vergleichen Sie den Simca 1307/1308 mit seinen Konkurrenten. Vergleichen Sie Ausstattung, Komfort und Preis. Den Simca 1307 GLS gibt es bereits ab 11 926 Mark (unverbindliche Preisempfehlung a.W.). Und dann: urteilen Sie selbst.
Die Ausstattung. Beim Simca 1307/1308 übertrifft sie so manche Extraausstattung vieler seiner Konkurrenten. Er bietet Ihnen serienmäßig eine große Hecktür, stoßabsorbierende Prallflächen, Bremskraftregler, Bremsfunktionskontrolle, Scheinwerferhöhenregulierung, Nebelrückleuchte und vieles andere mehr.
Die Sicherheit. Der Simca 1307/1308 hat sie ab Werk: Frontantrieb, Sicherheitsfahrwerk, computerberechnete Knautschzonen, Verbundglaswindschutzscheibe, automatische Sicherheitsgurte und Kopfstützen.
Der Komfort. Komfort bedeutet beim Simca 1307/1308 mehr als dicke Polster: viel Innenraum durch Quermotor, Ruhe vor Fahrtwind und anderen störenden Geräuschen durch windschlüpfige Form, Schallisolierung rundum und dicken Teppichboden, der bis zum unteren Teil der Seitentüren hochgezogen ist.
Der praktische Nutzen. Der Hydrauliklift öffnet die große, perfekt ins Styling integrierte Hecktür. Und gibt einen riesigen variablen Kofferraum frei – je nach Bedarf bis zum Volumen eines Kombis.
Die Wirtschaftlichkeit. Im Unterhalt kann Ihnen ein Simca 1307/1308 viel ersparen. Nur ein Beispiel: Die Transistorzündung senkt den Treibstoffverbrauch, läßt Zündkerzen und Batterie länger leben und verringert die Wartungskosten.
Und genauso kostenbewußt arbeitet jede Chrysler-Simca-Vertretung. Dort können Sie den Simca 1307/1308 nach einer Probefahrt am besten beurteilen.
Ein Jahr Garantie ohne Kilometerbegrenzung.
Urteilen Sie selbst.
Radioeinbausatz mit Stereolautsprechern
Elektrische Scheibenheber
Scheibenbremsen und Gürtelreifen
Zweikreisbremssystem mit Scheibenbremsen vorn, Bremskraftverstärker und Bremskraftregler
Transistorzündung
Halogenscheinwerfer, elektrische Scheinwerferreinigungsanlage
SIMCA
CHRYSLER
SIMCA
SIMCA 1307
SIMCA 1308
Willkommen an Bord
CHRYSLER

1308 GT

KAPITEL 8

RALLYE 3: DAS ZWEITE LEBEN DES SIMCA 1000

WER HÄTTE SICH BEIM DEBÜT DES SIMCA 1000 ENDE 1961 VORSTELLEN KÖNNEN, DASS DIE JUGENDLICHEN AUTOFANS DER SIEBZIGER IHM DIE SCHÖNSTEN UND AUFREGENDSTEN JAHRE SEINER LAUFBAHN BESCHEREN WÜRDEN?

Der Rallye 3 unterschied sich vom Rallye 2 durch die etwas unproportionierte Form, die durch dicke Kotflügelverbreiterungen und den Frontspoiler mit den Lüftungsschlitzen für die Bremsenkühlung entstand.

RALLYE 3
655 AGD 78

RALLYE 3: DAS ZWEITE LEBEN DES SIMCA 1000

Die Energiekrise Ende 1973 beendete eine Menge Hoffnungen, und für den Motorsport war sie beinahe tödlich. Motorsportveranstaltungen waren monatelang verboten, Tempolimits wurden eingeführt, Benzin schien fast unbezahlbar. Mit einer weniger gut an diese Umstände angepassten Modellpalette litt Simca besonders an der Krise. Der Absatz fiel von 600.000 Fahrzeugen 1973 auf 480.000 im folgenden Jahr!

Besonders hart traf die Krise die noch jungen sportlichen Versionen des Simca 1000. Der Rallye 2 sah nicht wie die beste Antwort auf die Fragen dieser unsicheren Zeit aus, denn Verbrauchssenkung war plötzlich viel wichtiger als Beschleunigung. Simca brachte unter diesen Umständen lieber in aller Eile Sparversionen wie den 1000 GLE und den 1100 LX heraus statt der noch schnelleren Sportversionen, die eigentlich geplant waren.

An solchen weiterentwickelten sportlichen Simcas arbeitete der hervorragende Ingenieur und Rennfahrer Jean-Claude Vaucard, der später in den Sportabteilungen von Peugeot und Citroën Furore machen sollte. Der Rallye 2 war trotz der verzagten Stimmung der Autofans zum Liebling einer neuen, jüngeren und begeisterten Kundschaft geworden, die sich von der ursprünglichen gesetzteren Familienkundschaft des Simca 1000 unterschied.

SPORTGERÄT FÜR EINSTEIGER

Mit den 82 PS seiner kleinen 1294-cm^3-Maschine war der Rallye 2 zwar keine Rakete, aber er wurde das beliebteste Motorsport-Einstiegsmodell dieser Jahre. Das lag auch am sehr günstigen Preis, der inflationsbereinigt unter dem des Renault 8 Gordini ein paar Jahre zuvor lag. Es lag auch an den Prämien des Simca Racing Team, einer mit Chrysler-Simca verbundenen Motorsportorganisation, die zum Teil von Sponsoren außerhalb der Autobranche finanziert wurde. Junge Nachwuchsrennfahrer konnten so zu vergleichsweise geringen Kosten im Rallye 2 antreten, sowohl in Gruppe 1 (Serienfahrzeuge) als auch in getunten Fahrzeugen der Gruppe 2.

Aber der Simca hatte, was das Tuning anging, noch nicht das hohe Leistungsniveau und die Raffinesse des R8 Gordini erreicht, der bis zum Verfall seiner Sporthomologation Platzhirsch blieb – anschließend war es der Rallye 2. Viele Tuner arbeiteten schon an ihm, wie Enjolras, Bouhier, Brunetti, Ruggieri, Ferry, Condrillier, die ihre Verbesserungsmaßnahmen in Anzeigen anpriesen, mit denen Motorsportzeitschriften wie

Für den zweiten Schalldämpfer, der das enorme Getöse ein wenig verringern sollte, musste das Heckblech des Rallye 3 aufgeschnitten werden. Die Straßenzulassung machte eine ultralange Übersetzung erforderlich, damit der Motor bei der Geräuschmessung möglichst niedrig drehte.

Échappement voll waren, in denen SRT – das Simca Racing Team – mehrere Seiten in jeder Ausgabe buchte.
Dank des SRT war der Rallye 2 ab Mitte der siebziger Jahre extrem beliebt im Motorsportmilieu, namentlich in Rallyes und Bergrennen. Nicht selten waren bei solchen Wettbewerben mehr als 30 Rallye 2 am Start! Dank der großen Zahl an Tunern, die an seinem Antrieb werkelten, stieg das Leistungsniveau schnell. In wenigen Jahren wuchs die Motorleistung der besten Exemplare in der Gruppe 2 von 110 auf 140 PS. Auf diesem Niveau kämpften die Simca nicht mehr nur um Klassensiege oder um die beste Platzierung eines Simca, sondern konnten mit vorderen Plätzen im Gesamtklassement liebäugeln.
Um schrumpfende Verkaufszahlen wieder zu vergrößern, wurde der Rallye 2 im Modelljahr 1976 stilistisch überarbeitet, erhielt eine neue Lackfarbe namens Racing-Grün (nicht „British"), horizontale statt senkrechte Streifen, mattschwarz lackierte Zierteile und einfarbige Felgen sowie einen Heckspoiler mit Lüftungsschlitzen. Das ließ ihn zumindest frischer aussehen.
Mit dem Zylinderkopf des 1100 TI wurde die Motorleistung auf 86 PS gesteigert, die Fahrleistungen änderten sich allerdings kaum. Auf mehr als 1000 Kilometern mit dieser Version konnte ich damals keine Leistungsdifferenzen spüren, und ich hatte die vorige Ausführung oft gefahren, denn außer meiner journalistischen Tätigkeit – mein erster veröffentlichter Testbericht galt dem Simca Rallye 1 – war ich zudem Regionalpräsident beim SRT, wenn auch ein nur mäßig erfolgreicher.

DAS SRT-KIT

Trotz des enormen Erfolges der neuen 1307-1308 verlor Chrysler eine Menge Geld mit seinen englischen und spanischen Filialen. Der Simca 1000, von dem 1976 nur noch 61.000 Stück entstanden, wurde mit geringstmöglichen Mitteln ein weiteres Mal aufgefrischt, und Chrysler hatte nicht einmal einen Nachfolger vorgesehen! Er erhielt ein leicht geändertes Dach, eine flachere vordere Haube und große rechteckige Scheinwerfer mit einem falschen Kühlergrill auf der Nase.
Das Restyling fiel schon damals durch, denn es konnte das Alter der Karosserie und vor allem des Konzepts nicht verbergen. Der Rallye 2 erhielt immerhin gleichzeitig komfortablere Schalensitze.
Für Motorsportler bot das SRT ein komplettes Kit an, das den Wagen zum vernünftigen Preis von 4400 Francs (1977) wettbewerbsfähiger machte. Für den Einbau in einer Werkstatt musste man ungefähr noch einmal denselben Betrag rechnen.
Das von dem Tuner Danielson entwickelte Kit beinhaltete einen Motorenbausatz (schärfere Nockenwelle mit härteren Ventilfedern, Ansaugtrakt mit zwei 40-mm-Weber-Doppelvergasern, Auspuffanlage mit vier Ausgängen), der die Motorleistung von 86 auf 110 DIN-PS bei 7000/min steigerte.
Außerdem gab es eine verstärkte Kupplung, ein eng gestuftes Renngetriebe, einen Fahrwerkssatz (regelbare, härtere Koni-Stoßdämpfer, Einstellblöcke für die Regelung des Sturzes, härterer Querstabilisator) und eine direkter übersetzte Lenkung mit 2,2 Umdrehungen von Anschlag zu Anschlag statt 3,25.
Das Kit enthielt auch Kotflügelverbreiterungen aus Verbundwerkstoff, die bei Ligier hergestellt wurden und dazu dienten, die auf Wunsch erhältlichen breiteren Amil-Leichtmetallfelgen mit Reifen der Größen 165/13 vorn und 175/13 hinten im Radhaus unterzubringen, meist in Verbindung mit einer Frontschürze mit Lufteinlässen zur Kühlung der Bremsen, und noch einigen anderen Schnickschnack.
Der so getunte Rallye 2, dem sein Fahrer hoffentlich noch verstärkte Dämpferbefestigungen vorn und ein paar zusätzliche Schweißpunkte spendiert hatte, lief mit der 9x37-Hinterachse 180 km/h. So gab es für viele junge Sportfahrer endlich ein schnelles und vor allem bei den richtigen Wettbewerben sehr

Der Kofferraum war mit Kühler, Batterie und Ersatzrad schon gut gefüllt. Aber der Rallye 3 war auch nicht als Familienauto gedacht!

RALLYE 3
655 AGD 78

BORDEAUX AUTO-
SIMCA
655 AGD 78

spaßig zu fahrendes Auto. Leider hatte das Kit den Nachteil, dass es weder eine Straßen- noch eine Gruppe-1-Sportzulassung hatte.
Ende 1977 landete Simca unter der Führung von Marc Seguin einen echten Coup und stellte den Rallye 3 vor. Es war nichts anderes als der Rallye 2 mit SRT-Kit, ab Werk fertig montiert aus den in rauen Mengen auf Lager liegenden Rallye-2-Karosserien, die man an den Türen (ihr großer Schwachpunkt) leicht verstärkt hatte. Das SRT-Kit wurde minimal modifiziert, etwa mit anderen Felgen und Schmiertaschen an der vorderen Blattfeder. Auf den dicken Weber-Vergasern thronte ein gewaltiger Luftfilter, der den Zugang zum Ölmessstab und den Zündkerzen völlig verdeckte. Entgegen der Beteuerungen von Simca war die Nockenwelle mit der aus dem SRT-Kit identisch (und genauso anfällig), aber der Auspuff war neu: ein doppelter außenliegender Schalldämpfer, für den die Heckschürze aufgeschnitten werden musste, sollte zusammen mit einer extrem langen Hinterachsübersetzung (9 x 31) dafür sorgen, den Lärmtest für die Straßenzulassung zu bestehen.
Auch wenn die Motorleistung auf 103 PS gesunken war, war das für einen kleinen 1300er eine Ansage, ebenso wie die 183 km/h Spitze und der stehende Kilometer in 31,9 Sekunden. Den Käufern wurde geraten, als erstes eine 9x35-Achse einzubauen, um bessere Beschleunigungswerte zu erzielen. Das maximale Drehmoment lag erst sehr spät bei 4900/min an.
Simca kündigte an, das nur in Ibiza-Weiß angebotene Modell bleibe auf tausend Exemplare limitiert (gebaut wurden dann 1003). Die waren für die Verlängerung der Sporthomologation des Rallye 2 bei den Tourenwagen erforderlich. Zu einem Preis von 30.500 Francs 1978 – gegenüber 23.800 Francs für den Rallye 2, der nicht mehr gebaut wurde, und 17.250 Francs für den Basis-Simca 1005 – zielte er ganz auf die Bedürfnisse der Motorsportler. Als Tourenwagen homologiert, wurde der Rallye 3 zum unangefochtenen Herrscher der Klasse bis 1300 Kubik, in der er keine Rivalen hatte.

DER FASZINERENDSTE DER GANZEN REIHE

Der Abverkauf der tausend Exemplare nahm Monate in Anspruch, denn trotz der Straßenzulassung war der Wagen für Normalkunden, die nicht Motorsport betreiben wollten,

Der Rallye 3 behielt zum Glück den weichen Spoiler des Rallye 2 von 1976, dessen Schlitze die heiße Abluft aus dem Motorraum entweichen ließen.

8436
JY78

kaum interessant. Sportlimousinenkäufer griffen lieber zum Golf GTI oder zum Alfasud TI, die zum gleichen Preis erhältlich, aber moderner und erst recht alltagstauglicher und komfortabler waren.

Einige Monate später kündigte Simca als Marke des PSA-Konzerns an, dass die Produktion des Simca 1000 nach 1,9 Millionen gebauten Einheiten in siebzehn Jahren eingestellt werde.

Bei seinem Erscheinen hatte ich den Simca Rallye 3 kurz fahren können, und fünfzehn Jahre später hatte ich eine etwas längere Gelegenheit im Rahmen einer Oldtimergeschichte für eine Motorsportzeitschrift. Der Rallye 3 war damals noch weit von seinem heutigen Preisniveau entfernt.

Sein wilder Motor mit den Ansauggeräuschen der großen Vergaser sorgte für das Gefühl, in einem echten Rennwagen zu sitzen. Die sehr harte Federung und die direkte Lenkung sorgten für unmittelbaren Fahrbahnkontakt, besonders mit den dicken 175R13-Reifen. Die großen Leistungsreserven lagen überwiegend oberhalb von 5000 Touren, und selbst mit dem mittelprächtigen Drehmoment des getesteten Exemplars musste man die empfindliche Kupplung rutschen lassen und fleißig mit dem kurzen Schaltknüppel die sich gummiartig schaltenden Gänge sortieren – es waren immer noch nur vier.

Die Bremsen waren sehr wirksam, und im Innenraum herrschte reinste Rennsportatmosphäre, vom hervorragenden Seitenhalt der Schalensitze bis zu der berühmten nummerierten Plakette am Armaturenbrett. Der Schweißgeruch des Wettkampfs, der unter dem hübschen weißen Lack und den dicken Kotflügelverbreiterungen aus allen Poren kam, verschaffte dem Wagen ein ungewöhnliches, aggressives Charisma. Der Rallye 3 von Xavier, der in diesem Kapitel abgebildet ist, wurde im Februar 1978 zugelassen. Seine Narben bezeugen, dass die Restaurierung schon lange zurückliegt – sie fand 1995 statt, bei Kilometerstand 67.500. Damals erhielt der Wagen einen Austauschmotor, der seitdem nur 3500 Kilometer gelaufen ist. Die Simca Rallye können stolz darauf sein, mehreren Generationen von Sportfahrern großartigen Fahrspaß bereitet zu haben. Vor allen Dingen waren es ungemein sympathische Autos, so, wie die Autos damals gerne waren und namentlich jene von Simca. Und so sind sie heute auch gesuchte Sammlerstücke, deren Preise enorm angezogen sind. Ein schöner Rallye 2 kostet heute kaum unter 20.000 Euro, ein seltener Rallye 3 noch deutlich mehr. Aber um diesen Preis kauft man heute noch ein Stück Traum dazu – und was für einen!

Schon 1978 waren die rechteckige Form des Rallye 3 und seine schmale Karosserie völlig aus der Mode. Aber wer hätte sich 1961 bei seiner Vorstellung gedacht, dass er 17 Jahre später noch gebaut und von Motorsportfans geliebt werden würde?

RALLYE 3

Motor: Vierzylinder-Reihenmotor, wassergekühlt, hinten längs eingebaut
Hubraum: 1294 cm³
Motorleistung: 103 PS bei 6200/min
Drehmoment: 125 Nm bei 5000/min
Gemischaufbereitung: zwei Weber-Doppelvergaser
Kraftübertragung: Hinterradantrieb, Vierganggetriebe
Bremsen: Scheibenbremsen vorn und hinten
Reifen: 165 x 13 vorn, 175 x 13 hinten
Abmessungen: 3,85 x 1,56 x 1,39 m
Leergewicht: 890 kg
Höchstgeschwindigkeit: 182 km/h
Beschleunigung: 1 km mit stehendem Start 31,9 s
Baujahre: 1978
Gesamtstückzahl: 1003

Kleines Sportlenkrad, schwarze Instrumente mit Zeigern in Leuchtorange: Das Innenraumdesign des Rallye 3 hält sich nicht mit Dekoration auf. Kein Grund zur Klage für Rennfahrer!

Der kleine 1294-cm³-Motor leistete immer noch ordentliche 103 PS, trotz der dicken Luftfilter und Schalldämpfer, die außer Geräusch auch Motorleistung schluckten.

Die komfortablen verstellbaren Schalensitze der letzten Generation des Rallye 2 machten die Härte der Federung etwas erträglicher. Der Rallye 3 war ein knallharter, reiner und echter Sportwagen.

KAPITEL 9

HORIZON: DER LETZTE SIMCA

DER ENDE 1977 VORGESTELLTE HORIZON SETZTE ZWEIERLEI WEGMARKE: ER WAR DER LETZTE ECHTE SIMCA, DENN ALLE FOLGENDEN MODELLE HATTEN EINE PEUGEOT-BASIS. UND ER WAR MIT FAST 2,5 MILLIONEN STÜCK DAS MEISTGEBAUTE MODELL.

Der Horizon debütierte im Dezember 1977. Von der englischen Designabteilung entworfen, hatte er als erster moderner Simca einen Kühlergrill, der nach hinten geneigt war, statt einer Haifischnase mit vorstehender Motorhaubenkante. Der 1510 bekam 1980 ein ähnliches Gesicht.

In meinen Anfängen als Motorjournalist nervte mich nichts mehr als alte Journalisten, die sich nicht mehr an Autos erinnern konnten, die sie während ihrer Laufbahn mal getestet hatten. Nachdem ich in 40 Jahren im Beruf mehr als fünfzehnhundert Modelle gefahren habe, muss ich gestehen, dass es mir heute nicht anders geht. Wie viele Simca und Talbot Horizon habe ich wohl gefahren? Mindestens fünf oder sechs zwischen 1978 und 1984. Vielleicht sogar mehr. Einige GL mit 69 PS, mit denen ich an Verbrauchstests bei Simca Racing teilnahm, besonders beim SRT-Finale 1979.
Ein Artikel, den ich wiedergefunden habe, erinnert mich daran, wie ich die Innenstadt von Nîmes mit einem Verbrauch von 12 Litern auf 100 km durchquerte, als ich fuhr wie ein Wilder, und anschließend mit einem Verbrauch von 7,5 Litern, als ich die Spritspartipps eines Fahrtrainers beachtete. Ich habe auch den Testbericht eines GLS „Performance" mit 83 PS aus dem September 1979 wiedergefunden und einen späteren über den 1,9-Liter-Diesel.
Bei der Lektüre treten zahlreiche Vorzüge dieser Horizon hervor, besonders der Fortschritt, den der 1440-cm^3-Motor gegenüber dem 1294 cm^3 großen für den Performance gebracht hatte, die weichen Sitze, die gelungene Form. Ein paar Kritikpunkte tauchen auch auf: etwa die zu indirekte Lenkung ohne Servounterstützung (4,6 Umdrehungen von Anschlag zu Anschlag), die aber immerhin leichtgängiger war als die meines privaten Zweitwagens Simca 1100. Dazu kamen zu kurze Sitzflächen, eine zu kleine Ablage und ein ungenau arbeitendes Ölmanometer sowie natürlich der knappe Platz im Fond. Bei alledem aber war der Horizon gelungen und hatte den Titel „Auto des Jahres 1979" wohlverdient.

EIN SUPER-1100

Der Horizon erschien Ende 1977 und damit zehn Jahre nach dem Simca 1100, den er ablösen sollte. Von ihm übernahm er einen Großteil der Struktur und der Abmessungen, aber auch der Technik. Simca hatte zu Anfang ein noch kompakteres Auto haben wollen, aber das Mutterhaus Chrysler lehnte ab. Der Karosserieentwurf stammte aus dem von Royden Axe geleiteten britischen Designstudio von Chrysler und sah mit den großen Fensterflächen, der aerodynamischen Front und dem kleinen Bugspoiler sehr ansprechend aus. Ich kann mich erinnern, wie ich in zwei Sunbeam 1000 und 1600 TI unterwegs war, die sehr ähnlich gestaltet waren, und Passanten annahmen, es seien zweitürige Horizon.

Der Horizon von Gilles in diesem Kapitel ist eine Prémium-Ausführung mit Leichtmetallfelgen von Amil, die hübscher als die Serien-Stahlfelgen waren – Simca verbaute damals nur hässliche Stahlfelgen.

Bei den Kunden kam der Wagen gut an, zumal der Verkauf des 1100 langsam ins Stocken geriet. Er bot alle Vorzüge des Vorgängers – ohne seine Nachteile. Tatsächlich war der Horizon eine gelungene Mischung aus dem 1100 und dem noch jungen 1307, der glänzend lief und von dem der Horizon die Hinterachse übernommen hatte. Die Fahrer lobten Federung, Straßenlage und Design. Unter der Haube fanden sich die bekannten Motoren des Simca 1100 mit 55 und 59 PS.
Obendrein war der 1294-cm³-Motor aus dem 1307 im Angebot, dessen 68 Pferdestärken den Horizon auf 155 km/h beschleunigten. Bei meiner ersten Fahrt war ich erstaunt, wie leise der Motor war, verglichen mit dem Nähmaschinenlärm, den ich aus meinem 1100 GLS gewohnt war. Mit längerer Gewöhnung war der Motor doch nicht so leise, denn ihm fehlte wie seit ewigen Zeiten ein Kettenspanner, in den zu investieren Chrysler sich aus Kostengründen in den zwanzig Jahren Bauzeit dieses Motors standhaft weigerte!

DER 1307-FRESSER

Kurioserweise machte der Horizon bald dem Konzernbruder 1307 das Leben schwer. Der sollte für all jene sein, denen es hinten im Horizon zu eng war. Weil aber viele merkten, dass sie im Fond gar nicht so viel Platz benötigten, griffen sie gleich zum Kompakteren, dann aber mit dem größeren Motor. So verschoben sich die Horizon-Verkäufe vom 1100 LS mit 55 PS in Richtung des 1300 GLS. Die Auszeichnung „Auto des Jahres" unterstützte den Erfolg zusätzlich, und in Poissy wurde die Horizon-Tagesproduktion zulasten von 1307-1308 erhöht.
Die neue Formel zur Berechnung der Steuer-PS ermutigte Simca, den 1440-cm³-Motor des 1308 in den Horizon zu bauen. Er war nicht stärker als der 1300, aber leiser, elastischer und genauso sparsam. Die exzellente Straßenlage des Horizon ließ bald den Wunsch nach mehr Motorleistung aufkommen, zumal entsprechende Motoren im 1308 schon existierten. So entstand 1979 die gehobene Version SX mit 83-PS-Motor, ein Klon des 1309 SX, den es ebenso nur mit Dreistufen-Automatik gab. Und wie der 1309 floppte auch der Horizon SX und wurde erst mit Schaltgetriebe unter der Bezeichnung Jubilé zum Erfolg, als er überdies mit prächtigen Alufelgen und in schicker Aufmachung angeboten wurde. 1979 erreichte der Horizon mit 222.296 Exemplaren seinen Produktionsrekord in Poissy, mehr als vom 1307-1308

Der lackierte untere Rand der Heckscheibe verbarg ab 1983 die höher gelegte Kofferraumabdeckung, mit der Kritik an der Kofferraumgröße ausgeräumt werden sollte.

TALBOT
Horizon
8640 QG 78

8640 QG 78

Premium

gebaut wurden (113.000 Stück). Simca hatte sich selbst die Konkurrenz im eigenen Haus geschaffen. Der Horizon war für den brutalen Absturz der Verkäufe des 1307-1308 verantwortlich.

KEIN KLEINER SIMCA!

Obendrein klaffte nun unterhalb des zu zu hoch positionierten und zu gut motorisierten Horizon eine Lücke. Kunden in der Kategorie der Klasse mit 5 Steuer-PS waren zuvor mit dem 1100 LX gut bedient gewesen. Dieses Segment wuchs nach dem zweiten Ölschock im Sommer 1979 enorm. Chrysler aber hatte keinen kompakteren Horizon haben wollen – ein Fehler, der die europäischen Filialen der Marke teuer zu stehen kam. Allein in Frankreich sackte die Produktion von 518.000 Einheiten 1976 auf weniger als 410.000 Einheiten 1979 ab. Nach der Übernahme durch PSA verunsicherte der Namenswechsel auf Talbot die Kundschaft zusätzlich. Aus heutiger Sicht lässt sich feststellen, dass es ein fataler Fehler war.

Das Verschwinden der Simca-Händlernetze zugunsten Peugeots beschleunigte die Abwanderung der Kundschaft. Auch der 1308 litt darunter, wie wir schon gesehen haben. Die Peugeot-Händler waren nicht gewillt, ein ehemaliges Konkurrenzprodukt zu verkaufen, das ihre Werkstätten nur ungern reparierten. Weil es im Schauraum meist ohnehin voll genug war, kamen die Simca in den Filialen ins hinterste Eck.

Der Horizon wurde dennoch weiterentwickelt. Nun gab es eine etwas sparsamere Version mit einem 1,4-Liter-Motor und 64 PS und am anderen Ende der Palette eine noch besser ausgestattete Variante mit dem Fünfganggetriebe EX5 von PSA, das bereits der 1510 und der Solara hatten. Es reichte nicht, um den Rückgang der Verkäufe aufzuhalten. PSA lehnte das Restyling, das man bereits ins Auge gefasst hatte, und eine weitere Sportversion mit 110 PS ab. Der Konzern war durch den Aufkauf selbst in finanzielle Schwierigkeiten gekommen, der wohl weniger ein Fehlschlag als vielmehr eine vertane Chance war!

Die stämmige Form des Horizon kam beim Publikum gut an und trug zu seinem Erfolg bei. Im Modelljahr 1983 gab es den imposanteren Frontspoiler, der die Aerodynamik verbessern sollte.

Premium

EIN DIESEL GANZ ZUM SCHLUSS

1983 erhielt der Horizon erstmals ein paar schüchterne Stylingänderungen in Form eines größeren Spoilers und einer schwarz lackierten Partie am unteren Rand der Heckscheibe, hinter der sich die höher gelegte Kofferraumabdeckung verbarg. Ihre neue Position war das Ergebnis einer etwas nach hinten verschobenen Rückbank und des Versuchs, das nominelle Kofferraumvolumen um etwa 10 Prozent zu vergrößern. Kritik am Raumangebot sollte so entschärft werden.

1983 wurde auch der 1,6-Liter mit 92 PS aus dem Solara in Verbindung mit einem Fünfganggetriebe und einer Servolenkung angeboten. Parallel dazu kam der 1905-cm³-Diesel aus dem PSA-Konzern dazu, der bereits in Peugeot 305 und Citroën BX angeboten wurde. Ein hervorragender Motor mit 65 PS, der gut unter die Haube passte und nach meiner Erinnerung dort etwas mehr Geräusch machte als im BX, in dem ich ihn bereits getestet hatte. Leider kam der Diesel zu spät und verkaufte sich nur 13.595 Mal.

Der Horizon war zwar besser als je zuvor, aber der Name Talbot sagte den Kunden überhaupt nichts mehr, und die Verkäufe gingen weiter zurück, während gleichzeitig das Werk Poissy von harten Arbeitskämpfen stillgelegt wurde, die sich über Monate hinzogen. Sie beschädigten das bereits verschwommene Image von Talbot weiter und ließen die Produktion des Horizon 1984 auf 26.554 Stück abstürzen, zu denen 56.000 Fahrzeuge aus Spanien und England hinzukamen. Sonderserien wie der Sherlock oder der Ultra, oder der interessante Prémium auf den Bildern dieses Kapitels, konnten das tragische Schicksal des Modells nicht aufhalten. Dabei bot der Prémium mit seinen Alufelgen mit breiten Reifen, dem 1,6-Liter-Motor mit 92 PS, dem Fünfganggetriebe, der endlich direkter übersetzten Servolenkung, der guten Ausstattung und den bequemen Sitzen

den Komfort und die Fahrleistungen (Spitze 175 km/h) eines großen Autos in einer kompakten Karosserie, aber es war zu spät!
1985, nach insgesamt 849.975 Stück, die in Poissy gebaut wurden, verließ der Horizon unser Tal der Tränen in allgemeiner Gleichgültigkeit und wurde durch den Peugeot 309 ersetzt, der fast ein Talbot geworden wäre. In Spanien und in England lief die Produktion noch zwei Jahre mit einigem Erfolg weiter, insgesamt entstanden dort 222.664 Einheiten.

AMERIKA, LAND DER WEITEREN HORIZON(TE)

Seine größten Erfolge aber feierte der Horizon in den USA, wo Chrysler ihn von 1979 bis 1989 als Dodge Omni und Plymouth Horizon baute. Und zwar 1.426.406 Mal! Zunächst erhielt er einen 1,7-Liter-Motor von VW, der die strengeren amerikanischen Abgasnormen schaffte, aber dafür eine geänderte Vorderradaufhängung mit McPherson-Federbeinen benötigte, die Chrysler France nicht übernehmen wollte.
Dann wurde ein 2,2-Liter-Vierzylinder von Chrysler verbaut, bevor zum Schluss eine abgasentgiftete Version des 1,6-Liters aus dem Talbot Solara zum Einsatz kam. Es gab eine Coupé-Ausführung und Sportversionen, die Carroll Shelby persönlich entwickelte und mit einem Turbolader bis auf 175 PS aufblies, so dass ein Horizon Dodge Omni GLHS/S auf 210 km/h kam.
Man kann behaupten, dass der Horizon Chrysler an der Schwelle zu den Achtzigern aus seiner Agonie rettete – das Unternehmen, das so oft dem Tode geweiht war und den Niedergang von Simca einleitete, den PSA dann schließlich vollendete. Heute wird Chrysler von Fiat kontrolliert, der Marke, die einst Simca ins Leben rief. Man könnte fast sagen, dass der Kreis sich geschlossen hat. Nun ja, fast – für Simca war es keine runde Sache.

Nur die teureren Versionen hatten einen Heckscheibenwischer, der sehr nützlich war, weil die Scheibe im Regen schnell verschmutzte.

TECHNISCHE **DATEN**

CHRYSLER SIMCA (TALBOT) HORIZON

Motor: Vierzylinder-Reihenmotor, wassergekühlt, vorn quer eingebaut
Hubraum: 1294 cm³ (GL) bis 1592 cm³ (Premium)
Motorleistung: 68 PS bei 5600/min bis 92 PS bei 5400/min
Drehmoment: 105 Nm bei 2800/min bis 135 Nm bei 4000/min
Gemischaufbereitung: Einfachvergaser
Kraftübertragung: Vorderradantrieb, Vierganggetriebe, teilweise Fünfganggetriebe
Bremsen: Scheibenbremsen vorn, Trommelbremsen hinten
Reifen: 155 x 13 bis 175 x 13
Abmessungen: 3,99 x 1,68 x 1,41 m
Leergewicht: 970 kg bis 1010 kg
Höchstgeschwindigkeit: 152 km/h bis 175 km/h
Beschleunigung: 1 km mit stehendem Start 36,5 s bis 33, 9 s
Baujahre: 1978-1985
Gesamtstückzahl: 1.072.631 in Europa, 2.499.037 Exemplare weltweit inklusive USA

Diese hochausgestattete Version hatte einen schlecht ablesbaren Drehzahlmesser auf der Lenksäule, den man über das T von Talbot hinweg anvisieren musste, das seit Juli 1979 die Lenkradnabe zierte.

Der aus dem 1510 stammende 1,6-Liter-Motor verhalf dem Horizon Prémium zu starken Fahrleistungen (175 km/h) und bot auch ein Fünfganggetriebe.

Der knappe Knieraum für die Fondpassagiere war keine Stärke des Horizon, der nur 3,99 m lang war.

KAPITEL 10

TAGORA: DER LETZTE TANGO VON TALBOT

WIE ALLE AUTOMODELLE, DENEN EIN TRAGISCHES SCHICKSAL DAS ENDE BEREITETE, IST DER VON PSA GEOPFERTE TALBOT TAGORA FÜR DIE FANS DER MARKE ETWAS GANZ BESONDERES. WIR HABEN DIE SYMBOLTRÄCHTIGSTE VERSION AUSGESUCHT, DEN SX MIT SECHSZYLINDER.

Trotz der wuchtigen Form, die von den drei Seitenfenstern nur leicht gemildert wird, fehlte es dem Tagora nicht an Klasse. Er zeigte eine Familienähnlichkeit mit dem noch frischen Solara, was nicht Wunder nimmt, kamen doch beide aus dem Designstudio von Chrysler UK.

In Deutschland, wo er kaum Eindruck hinterließ, dürfte die Geschichte des Tagora indes nur Wenigen bekannt sein. 1975 legte Chrysler Europe das Projekt C9 auf Kiel, um den beim Publikum durchgefallenen Chrysler 180 zu ersetzen, und wollte nicht denselben Fehler noch einmal machen. Der 180 war auch wegen der bunkerartigen Karosserieform mit winzigen Fenstern gescheitert, die ihm unter Simca-Händlern den Spitznamen „Dicke Berta" eingebracht hatte. Art Blakeslee von der britischen Designabteilung, die immer noch von Royden Axe geleitet wurde, zeichnete eine geradlinige Karosserie mit sehr großen Glasflächen, die das Gegenteil des Chrysler 180 war und dem an gleicher Stätte entstehenden Solara ähnelte.
Der Chrysler 180 war auch wegen der starren Hinterachse kritisiert worden, zumal in Frankreich, wo Citroën, Renault und Peugeot mittlerweile alle Einzelradaufhängungen anboten. Nach Vergleichen zwischen der Starrachse, die gewissen US-Managern des Mutterhauses sehr am Herzen lag, und Einzelradaufhängungen entschied sich Chrysler Europe für den aufwändigen Kompromiss einer De-Dion-Achse. Chrysler hatte ehrgeizige Pläne für den C9 und peilte eine Jahresstückzahl von 70.000 an, weshalb mehrere Motoren mit 4 und 6 Zylindern ein ähnlich breites Spektrum abdecken sollten wie die großen Opel/Vauxhall und Ford.

ETWAS PEUGEOT-SAUCE DAZU

Die Wahl des Vierzylinders war schnell getroffen: Der Zweiliter des Chrysler 180 mit obenliegender Nockenwelle wurde wegen des größeren Wagengewichts auf 2,2 Liter aufgebohrt. Schwieriger war die Wahl des Sechszylinders, denn für das sehr kleine Marktsegment scheute Chrysler die Entwicklungskosten. Ein Sechszylinder von Chrysler USA passte schlecht in europäische Steuerklassen, man prüfte den Einkauf eines Aggregates von Mitsubishi, mit denen Chrysler damals einen Kooperationsvertrag hatte, oder des neuen französischen PRV-Motors von Peugeot, Renault und Volvo. Aber die Sache gedieh zunächst nicht weiter. Zu jenem Zeitpunkt beschloss der gerade zur Rettung von Chrysler frisch eingestellte Lee Iacocca Knall auf Fall, sich von allen europäischen Filialen des Konzerns zu trennen, um Cash in die Kasse zu bekommen – eine Viertelmilliarde Dollar. Die französische Regierung drängte PSA zuzugreifen, und die Dinge nahmen ihren Lauf. Der neue französische Inhaber fand sich mit einem fast fertig entwickelten Modell wieder, das Chrysler Europe bereits diverse Millionen Dollar gekostet hatte,

Mit dumpfem Grollen stemmte der 2,6-Liter-Sechszylinder seine 165 PS auf die Tagora-Hinterachse, die aus dem Peugeot 505 stammte.

und zögerte eine Weile, ob die Entwicklung gestoppt oder zu Ende gebracht werden sollte. PSA entschied sich fürs Weitermachen, denn schließlich war das Projekt C9 im Kaufpreis inbegriffen und hatte bis jetzt kein eigenes Geld gekostet. Geschickterweise aber entschied Peugeot als neuer Bauherr, das Projekt so zu ändern, dass möglichst viele Gleichteile vom 604 und besonders vom brandneuen 505 verwendet werden konnten.
Einige dieser Änderungen waren umfangreicher, etwa die Verlängerung des Radstands nach vorne und die schmalere Spur hinten, um Fahrwerksteile des 505 verwenden zun können, darunter Hinterachse, Lenkung und Getriebe. Aber das Unheil schläft nie – die Energiekrise von 1979 kam mit Ölpreissteigerungen von 30 Prozent dazwischen und ließ die Marktchancen schwerer Wagen und ihre Verkaufszahlen in den Keller rauschen.
Peugeot und Citroën hatten bereits genug Probleme, ihre Topmodelle 604 V6 und CX 2400 zu verkaufen. Bei den Vierzylindern dieser Hubraumklasse hatte PSA schon vor der Chrysler-Akquisition ein Überangebot an fast genau gleich großen und starken Motoren. Es gab den des CX, der aus dem DS stammte und den des 505, der auf den des 504 zurückging, dazu einen neuen Leichtmetallmotor aus Douvrin, den Renault, Citroën und Peugeot verwenden sollten. Trotzdem entschied man, den auf 2,2 Liter vergrößerten Chrysler-Block mit 115 PS beizubehalten.
PSA wählte für die Topversion des 604 den großen PRV-2,6-Liter-V6 aus. Es schien logisch, den neuen Talbot von CX 2400 und 604 TI durch mehr Motorleistung abzugrenzen. Daher war die Idee nicht dumm, den 2,6-Liter an den Zylinderköpfen zu überarbeiten: Mit geänderten Nockenwellen und Kolben, neuem Auspuffkrümmer und zwei großen 40-mm-Weber-Dreifachvergasern kam er auf 165 DIN-PS, denen 129 PS beim CX GTI und 136 bis144 PS beim 604 gegenüberstanden. Das machte den großen Talbot zum stärksten französischen Serienwagen und endlich, so dachte man, zu einer echten Konkurrenz für Mercedes und BMW … man würde schon sehen!

Der große Innenraum war besonders dank der bequemen Sitze recht komfortabel. Die Holzimitat-Zierleisten auf den Türverkleidungen sind ein Merkmal des SX.

Tagora SX
961 EZH 91

TALBOT
961 EZH 91

2.6

UM EIN JAHR VERSCHOBEN

Aber man sah nicht viel, leider. Die Änderungen verzögerten die Markteinführung, und das Debüt des Autos verschob sich auf den Pariser Salon 1980. Der eigentliche Verkaufsstart erfolgte erst im Februar 1981 und zuerst in der 2,2-Liter-Vierzylinder-Ausführung. In der Zwischenzeit war Talbot längst auf dem absteigenden Ast, die Verkäufe der Marke fielen von 1979 bis 1981 um fast die Hälfte – von 409.000 Fahrzeugen auf 228.409.

Die Namensänderung von Simca auf Talbot 1979 hatte die Käufer völlig verunsichert. Als dann die Umstrukturierung der Händlernetze dazu führte, dass alte Simca-Händler verschwanden und Fahrer der Marke zu Peugeot-Werkstätten gehen mussten, wo sie nicht mehr so persönlich und vertraut behandelt wurden wie in ihrer Stammwerkstatt, starb Simca ein zweites Mal. Und diesmal endgültig.

Der Tagora 2,2 Liter wurde von der Presse wohlwollend aufgenommen. Man lobte den Komfort, die Straßenlage, die Ausstattung, den 115 PS-Vierzylinder und die großen Fenster. Mancher monierte den Mangel an Charakter und die schmale hintere Spur. In der Tat hatte der Tagora gegenüber dem Peugeot 505 eine deutlich breitere (1,81 m) Karosserie, aber die gleiche Spurweite von 1,47 Metern. Dieses Missverhältnis ließ beim Betrachter die unbewusste und völlig falsche Vermutung aufkeimen, das Auto habe eine schlechte Straßenlage.

Ich testete den Wagen und verglich ihn aufgrund des Raumangebots mehr mit dem Peugeot 604, wobei mir die Form sehr viel besser gefiel und moderner erschien. Die Linie des Wagens machte ihn stattlich, die Sicht nach draußen war hervorragend, Komfort, Fahreigenschaften, Geräumigkeit, Geräuschdämmung und Ausstattung überzeugten mich. Nur das zu niedrig angebrachte Lenkrad und die spürbar verbesserungswürdige Verarbeitung sowie ein etwas schwerfälliges Handling enttäuschten mich ein wenig. Die Verarbeitungsqualität war nicht die Stärke des Tagora, was man an den Spaltmaßen der Armaturenbrettelemente leicht erkennen konnte. Wie Besitzer des Wagens mir später berichten sollten, war es in Wirklichkeit noch schlimmer.

Ich hatte seinerzeit Lust, mir einen gebrauchten Tagora als Nachfolger meines Renault 30 TX zu kaufen. Die Robustheit der Mechanik war außer Zweifel, und viele Tagora erreichten hohe Kilometerleistungen und zeigten wenig Neigung zur Korrosion.

Man kann sagen was man will – der Tagora sah moderner und gelungener aus als der 604, der natürlich der Liebling von Peugeot blieb. Die Dunlop-Leichtmetallfelgen (mit Michelin TRX-Reifen!) unterschieden den SX vom GLS.

TALBOT
Tagora SX
961 EZH 91

ZU VIELE KONKURRENTEN

Peugeot tat sich schwer mit dem Verkauf des Tagora, dessen GLS-Version mit Fünfganggetriebe und Servolenkung preislich geschickt zwischen dem Vierzylinder-505 und dem 604 TI V6 positioniert wurde. Aber es war offensichtlich, dass diese Modelle einander Konkurrenz machten.

Ein paar Monate später stellte Peugeot einen Turbodiesel mit 2,3 Litern und 80 PS vor, der im 505 SRD und im 604 GTD eingebaut wurde. Der Tagora hatte Pech: Wegen seines höheren Gewichtes erhielt er diesen Motor mit einer kürzeren Achsübersetzung, was den Verbrauch um einen halben Liter in die Höhe trieb, vor allem aber steuerliche Nachteile gegenüber den Peugeots hatte – die Steuer für den Tagora war gleich dreimal so teuer. Der Fehler wurde 1983 korrigiert.

Abgesehen von diesen Petitessen war der SX V6 mit 15 Steuer-PS jenseits von Gut und Böse und richtete sich an eine ganz erlesene Kundschaft. Äußerlich unterschied er sich besonders durch seine prächtigen Alufelgen, die mit Reifen im Format 210 R 14 deutlich kräftiger auftraten. Im Innenraum war er aufwändiger und raffinierter ausgestattet, mit einem 1981 noch sehr seltenen Bordcomputer etwa.

Die höhere Motorleistung war im Vergleich mit dem 604 TI deutlich spürbar, mehr in der Beschleunigung (stehender Kilometer in 31 Sekunden) als in der Höchstgeschwindigkeit (190 km/h). Die beiden Dreifachvergaser verliehen dem V6 einen sehr charmanten Klang, der ein wenig an einen V8 erinnert und auch bei einigen Alpine A310 zu hören ist, die mit dieser Gemischaufbereitung ausgestattet wurden.

Leider zeigte der Verlauf der Leistungskurve einen spürbaren Mangel an Drehmoment bei niedrigen Drehzahlen, so dass die Charakteristik des Motors nicht wirklich seidenweich zu nennen war. Und dann war da noch der Verbrauch. Wer

einen schweren Gasfuß pflegte, brachte den Tagora SX leicht auf über 20 Liter auf 100 km und damit auf deutlich mehr als der 604 verbrauchte, der schon nicht als beispielhaft sparsam galt. Ganz zu schweigen von dem Nachteil, den der Tagora gegenüber den BMW 525 oder Mercedes 250 aufwies, auf die er eigentlich abzielte.
Trotz aggressiven Preises war der Talbot SX ein kolossaler Misserfolg. Es wurden nur 1083 gebaut – und gebaut heißt noch nicht verkauft. Auch die Vierzylinder litten unter dem Imagemangel, und nach einem wenigstens ordentlichen Start mit 15.000 Stück im Jahr 1981 brach die Produktion 1982 auf 2640 Stück ein, als der Tagora in dem Strudel unterging, der die gesamte Marke Talbot in den Abgrund riss. Am Ende belief sich die traurige Bilanz auf 20.133 Tagora in drei Jahren.

VERPASSTE GELEGENHEITEN

Im Jahr 1983 besuchte ich die Firma Ligier und hatte die Gelegenheit, einen ziemlich speziellen Tagora auszuprobieren, zusammen mit dem Rennfahrer Jean-Claude Guénard, der 1987 bei einem Offshore-Rennbootunfall mit Didier Pironi tragisch ums Leben kommen sollte. Der Wagen war schwarz und fiel besonders durch die breiten, zweifarbigen Leichtmetallfelgen auf, mit denen sich die Radhäuser gut ausfüllen ließen. Guy Ligier, der Talbots Formel-1-Rennstall leitete, plante diesen Tagora unter seinem Namen zu verkaufen. Der Motor war ein PRV-2,8-Liter aus dem Volvo-Programm, den der Tuner Danielson auf 195 bis 200 PS gebracht hatte. Mit dieser Motorleistung erreichte der Wagen locker über 200 km/h. Ligiers Pläne wurden aber nicht verwirklicht, und die wenigen bereits umgerüsteten Tagora wurden wieder zurückgerüstet und als Gebrauchtwagen über die dem Firmensitz von Ligier

in Abrest bei Vichy nächstgelegene Peugeot-Niederlassung verkauft. Dort kannte man mich und meine Vorliebe für den Tagora und bot mir einen dieser Wagen zum Kauf an, aber ich hatte mir gerade ein anderes Auto gekauft und musste das Angebot zu meinem großen Bedauern ausschlagen.
Einen der Wagen kaufte ein Bekannter von mir, der beim Verleger Michel Hommell arbeitete, dem Schöpfer des führenden Motorsportblatts *Échappement*. Bis auf den exzessiven Verbrauch war mein Bekannter sehr zufrieden mit dem Auto. Ich mochte den Tagora derart, dass ich mich auf die Nachricht von der Einstellung hinreißen ließ, in der Zeitschrift, für die ich arbeitete, einen als Todesanzeige gestalteten, polemischen und sicherlich zu hart formulierten Kommentar zu verfassen. Darin klagte ich, der Tod des Modells sei nicht natürlich, sondern Folge eines Verbrechens. Die Presseabteilung von Peugeot-Talbot war verständlicherweise nicht glücklich darüber und machte mir arge Vorwürfe deswegen, und ich musste zugeben, dass ich die sehr schwierige finanzielle Lage von Peugeot, die auch sehr unter den Streiks im Werk Poissy zu leiden hatten, nicht ausreichend gewürdigt hatte.
Der Tagora war ganz einfach ein überzähliges Modell in der Palette und wäre nicht zu retten gewesen, auch wenn er sicher nicht das schlechteste der drei konkurrierenden Autos im selben Konzern war – ihn als den Besten zu bezeichnen, wage ich nicht. Und die Geschichte ist am Ende nun einmal so verlaufen.

Was hier wegen der Felgen wie ein Tagora SX aussieht, ist keiner. Es ist ein GLS mit 2,2-Liter-Vierzylinder, den Talbot für den Pariser Salon 1980 als SX verkleidete. Der echte SX mit dem V6-Motor war noch nicht fertig. So wurde dieser Wagen mit fest geschlossener Motorhaube auf dem Talbot-Stand ausgestellt. Anschließend wurde der Wagen für Werbefilmaufnahmen eingesetzt und dann zum Teil für Katalogfotos aufgeschnitten. Nachdem er wieder zusammengeschweißt und montiert wurde, kaufte ihn Olivier im Jahr 2004 mit sehr geringer Laufleistung. Es ist ein absolutes Einzelstück.

TAGORA: DER ERSTE ECHTE TALBOT

Eigentlich hätte der Tagora die Wiedergeburt der Marke Talbot verkörpern sollen, als neues Modell für die neue Marke. Aber die Änderungen am C9-Prototypen zogen sich so lange hin, dass sich die Markteinführung um fast achtzehn Monate verschob – länger als abzusehen gewesen war. So firmierten der Horizon und der in Talbot 1510 umbenannte 1308 im Juli 1979 als erste Talbots. Warum überhaupt der Namenswechsel? Weil der alte Name Chrysler gehörte und eine Marktstudie angeblich herausgefunden hatte, dass Simca nicht angesehen genug war. Das stimmte nicht ganz. Im Gegenteil, die Studie zeigte, dass der Name in Frankreich, in Italien und besonders in Spanien, wo ebenfalls Autos montiert wurden, noch einen sehr guten Klang hatte.
In England war der Name Sunbeam-Talbot, hervorgegangen in den 1920er Jahren aus Talbot-Darracq, noch sehr geläufig. In Frankreich hingegen war Talbot-Lago, untergegangen in den Fünfzigern, nur noch wenigen Sammlern ein Begriff. Nach erbitterten Diskussionen setzten sich schließlich die britischen Marketingleute von Sunbeam durch, die den Namen Talbot gegenüber dem Simcas bevorzugen wollten. Diese offensichtliche Fehlentscheidung vergraulte die Simca-Kundschaft und kostete PSA ein Vermögen an Investitionen in Werbung und für die Umdekorierung der Händlerbetriebe.

T WIE TACCHINI

In Deutschland gab es einen Waggonhersteller namens Talbot, der den Gebrauch des Namens untersagen wollte, mit dem man sich aber einigen konnte. Dann war zunächst beabsichtigt, das Talbot-T auf die Mitte der Radkappen zu prägen. Nun sah aber von Weitem das „T" nach Ansicht von Mercedes-Benz dem Mercedes-Stern zu ähnlich, und die Stuttgarter erhoben Einspruch.
Das war noch nicht alles! Talbot druckte sein Logo auch auf Blousons, T-Shirts und andere Kleidungsstücke seiner Sportabteilung und auf Merchandising-Artikel, und hier sah es wirklich dem T von Sergio Tacchini sehr ähnlich. Nur hatte der die älteren Rechte an seinem Zeichen und so musste Talbot auf den Kleidungsstücken die Farbgebung um das T herum etwas ändern. Kurz, die Wiederbelebung einer toten Marke geriet deutlich komplizierter als ursprünglich gedacht.
Ganz vergessen ist Talbot aber immer noch nicht. Heute wird der Name immer wieder erwähnt, wenn Gerüchte über eine Low-Cost-Marke des PSA-Konzerns in der Zeitung auftauchen. Das allerdings ist alles sehr ungewiss.

TALBOT
961 EZH 91

TECHNISCHE **DATEN**

TAGORA

Motor: 6 Zylinder in V-Form, wassergekühlt, Zylinderwinkel 90°, vorn längs eingebaut
Hubraum: 2664 cm³
Motorleistung: 165 PS bei 6000/min
Drehmoment: 234 Nm bei 4200/min
Gemischaufbereitung: zwei Weber-Dreifachvergaser
Kraftübertragung: Hinterradantrieb, Fünfganggetriebe
Bremsen: Scheibenbremsen vorn und hinten
Reifen: 210 x 14
Abmessungen: 4,63 x 1,81 x 1,44 m
Leergewicht: 1345 kg
Höchstgeschwindigkeit: 190 km/h
Beschleunigung: 1 km mit stehendem Start 30,9 s
Baujahre: 1982-1983
Gesamtstückzahl: 1083

Der 2,6 Liter große PRV-V6 leistete dank der beiden Weber-Dreifachvergaser 165 PS – der Peugeot 604 TI hatte 144 – und war damit 1981 der stärkste französische Serien-Pkw.

Ein voluminöser Luftfilter verbirgt die beiden Weber-Dreifachvergaser, die den Verbrauch mindestens so gründlich steigerten wie die Leistung – zu sehr jedenfalls in den Augen des Publikums.

TAGORA
TALBOT
ODER WARUM FLUGKAPITÄN MANFRED O.
GERNE VON 50 000 PS AUF 115 PS UMSTEIGT.
Wenn es jemanden gibt, der etwas von Sitzkomfort, Zuverlässigkeit, Präzision und anderen technischen Tugenden versteht, so ist es Manfred O., Flugkapitän. Er hat zwei-, drei- und vierstrahlige Düsenriesen von Frankfurt nach Los Angeles, von New York nach Tokio und von Paris nach Moskau chouffiert. Vor zwei Monaten hat er bei einem Frankfurter TALBOT-Händler seinen hochkarätigen Sportwagen in Zahlung gegeben und ist auf einen TALBOT Tagora umgestiegen. Warum?
WER VIEL SITZT, SOLL GUT SITZEN!
„Wenn man, wie ich, zehn Jahre am Steuerknüppel sitzt, dann hat man schon ein Gefühl dafür, was ein guter Arbeitsplatz ist. Was Sitzposition, Bedienungsfreundlichkeit und durchdachte Funktionalität anbetrifft, so steht der Tagora in nichts meinen großen Vögeln nach –
Fahrersitzverstellung im SX
nur daß das eine die Arbeit und das andere das Vergnügen für mich bedeutet. Beim Tagora fängt der Komfort bei der Qualität des Sitzes, seiner Polsterung, seiner Verstellbarkeit und des Seitenhaltes an und geht über die Lenkradposition, die Anordnung der Bedienungselemente bis zur Rundumsicht. Alles in allem ein Auto, das intelligent gemacht ist."
DREI HERZEN SCHLAGEN ACH IN MEINER BRUST.
Wer einen Tagora fahren will, hat die Auswahl zwischen drei verschiedenen Triebwerken. Im Tagora GL und GLS schlägt das Herz des unverwüstlichen und wirtschaftlichen 2,2-Liter-4-Zylinder-Motors mit 85 kW (115 PS). Wer den geringeren Kraftstoffverbrauch eines Tagora GLS* noch unterbieten will, kann sich für den Tagora DT* (Diesel-Turbo) entscheiden.
Das Nonplusultra an Geschmeidigkeit, Laufruhe und Drehfreudigkeit bietet der 2,6-Liter-V6-Motor des Tagora SX, der für eine Beschleunigung von 9 Sekunden auf 100 km/h und für eine Spitze von nahezu 200 km/h sorgt.
Sie haben noch weitere Fragen? Einer unserer rund 1500 TALBOT-Partner kann sie Ihnen sicher beantworten. Und Sie auch über Leasing oder Finanzierung und die PA-Kreditbank informieren. Übrigens erhalten Sie auf alle TALBOT-Modelle sechs Jahre Garantie gegen Durchrostung.
*Verbrauch nach DIN 70 030, Teil 1: GLS (Super) bei 90 km/h 7,1 l, bei 120 km/h 9,6 l, im Stadtverkehr 12,8 l; DT (Diesel) bei 90 km/h 6,5 l, bei 120 km/h 9,0 l, im Stadtverkehr 9,5 l.

2·6

Tagora SX

DANKSAGUNGEN

Tausend Dank an Michel Gaullier vom sympathischen Club Vedette France (650 Mitglieder) für die Leihgabe seines großartigen Présidence, an Didier Manivel, der nicht nur seinen 1301 S für Cathys Objektiv bereitstellte, sondern auch den Kontakt zu all den anderen Simca-Besitzern vermittelt hat, an Roger Charbonnel, den glücklichen Besitzer des Bagheera X, der so viele Seiten dieses Buches ziert, an Gilles Dupont, der den überaus raren Horizon Prémium fährt, und an Philippe Samson, den Besitzer des roten 1100 TI. Danke auch an Johnny Delacruze für seinen glänzenden Montlhéry Spéciale sowie an Xavier Le Clech für seinen Simca Rallye 3 und an Didier Sourmais, Besitzer eines 1308 GT, an Thierry Clabeau für seinen 1200 S Coupé, an Christophe Grassin für seinen ultraseltenen Tagora V6 SX. Vergessen wir nicht Olivier Loreste, Besitzer des einzigen Tagora GLS, der von Talbot selbst zum unechten SX gefälscht wurde. Einen tief empfundenen Dank auch an Jean-Paul Ladegaillerie vom Club Simca France, der sich mit Leib und Seele einsetzte, um für uns schöne Simca aufzutreiben, von denen einige aufgrund ihrer Seltenheit sehr schwer zu finden waren. Besonderen Dank an Roger Berthollet, Jean François Berthe, Hervé Raymond, Hughes Chaussin, die uns beim Suchen halfen, und an etliche Fans, die uns spontan von sich aus ihr Auto anboten. Einen ganz besonderen Dank auch an die liebenswürdige Association des Amis du Château et du Vieil Asnières und das charmante Bürgermeisteramt von Asnières sur Seine, die uns die Erlaubnis erteilten, den großartigen Présidence vor dem prachtvollen Schloss von Asnières sur Seine zu forografieren.

Impressum

HEEL Verlag GmbH
Gut Pottscheidt
53639 Königswinter
Telefon 0 22 23 / 92 30-0
Telefax 0 22 23 / 92 30 26
Mail: info@heel-verlag.de
Internet: www.heel-verlag.de

Der Originaltitel "Les plus belles Simca des années 1960 à 1980" ist 2016 erschienen bei:
ETAI
Antony Parc2
10, place du Général de Gaulle
92160 Antony
Frankreich

Verantwortlich für den Inhalt: Patrice Vergès
Übersetzung aus dem Französischen: Thomas Albrecht
Lektorat: Jost Neßhöver

Satz und Gestaltung der deutschen Ausgabe: HEEL Verlag GmbH, Ralph Handmann

Printed in Croatia

ISBN: 978-3-95843-778-4

F
882 PQ 75